L'ÉLEVAGE LALLOUET

HARAS DE SEMALLÉ. — Maison d'habitation.

ED. CAVAILHON

L'Élevage Lallouet

PARIS
PAIRAULT & Cie, IMPRIMEURS-ÉDITEURS
3, PASSAGE NOLLET

1908

M. Théophile LALLOUET

CHAPITRE PREMIER

Le Succès par le Travail

LES PÈRE ET MÈRE DE M. LALLOUET. — SA NAISSANCE. — SA JEUNESSE. — SA VOCATION D'ÉLEVEUR ET DE COMMERÇANT. — SON DEVOIR ENVERS LA PATRIE FRANÇAISE.

MONSIEUR Théophile Lallouet, le roi du demi-sang, ainsi que l'appellent les Américains, naquit à Dangeul, petite commune de la Sarthe, le 16 juin 1847. Ses parents eurent une très grande joie en constatant qu'il était fier et robuste gars, comme l'on dit dans ces régions plantureuses.

Son père, M. Louis Lallouet, était lui aussi né à Dangeul, où ses parents, braves propriétaires terriens, exploitaient eux-mêmes leur domaine.

En 1845, il épousa Mlle Thègle Lefèvre, sa

cousine germaine, qui elle aussi était fille de propriétaires terriens, dans le canton de Marolles-les-Braults. De cette union, naquit M. Théophile Lallouet, qui demeura fils unique.

M. Louis Lallouet, qui avait des vues plus élevées que celles de sa famille, quitta la ferme du Petit Parc, située commune de Dangeul et appartenant à ses parents, pour venir, en 1848, habiter une autre ferme, nommée La Cœurie, et sise dans la commune de Semallé.

La révolution de 1848 avait fait tomber la culture en mauvaise position, mais M. Louis Lallouet eut la bonne inspiration d'affermer une propriété assez avantageuse dans la commune de Montigny (Sarthe). Cette ferme, nommée La Blosserie, et contenant d'excellents herbages, lui donna l'idée d'élever quelques bons chevaux de demi-sang. Ce fut alors qu'il acheta la célèbre jument Ida Ire, qui a fait souche de la race Lallouet.

Cette Ida, qui avait été achetée chez M. Marchand, réunissait le sang de deux chevaux anglais, qui avaient appartenu à la reine Marie-Antoinette.

Ces deux étalons, que l'on avait nommés Le Parfait et l'Alérion, étaient fort remarquables et présumés de pur sang anglais. L'un, sous sa robe grise, était si parfaitement beau, que l'absence de toute imperfection plastique l'avait fait appeler Le Parfait; l'autre, de vive couleur alezane, était d'une beauté encore plus idéale que celle de son compagnon, et c'est pour cela qu'il avait reçu le nom très caractéristique de l'Alérion, c'est-à-dire d'aigle chevalin.

Lorsque les écuries de la reine Marie-Antoinette furent supprimées, après la révolution de 1789, Le Parfait et l'Alérion furent mis en vente et achetés par un sportsman bien inspiré, qui les envoya chez MM. Marchand, fermiers au village du Plessis, commune de Chenay, dans la Sarthe. Celui-ci put les cacher au parc Gallais dans les replis de la rivière la Sarthe. L'absence de chemins praticables et de ponts sur la rivière permit d'employer pour les amis des frères Marchand les deux précieux étalons, et favorisa la création d'une jumenterie d'élite, car l'on n'accorda la saillie des deux reproducteurs qu'à des poulinières déjà près du sang bien sélectionné.

Impérieuse, par Pledge, qui fut l'une des aïeules de la race créée par M. Lallouet, descendait de l'illustre jument La Pretender, la plus remarquable de la famille de demi-sang fondée par les deux étalons anglais dont nous venons de parler.

On peut voir par là que M. Louis Lallouet ne négligeait rien pour se procurer des poulinières de bonne origine, mais il était peu encouragé par sa famille dans le goût qui le portait à élever des bons et beaux demi-sang. On lui faisait observer que les juments ne travaillaient pas et coûtaient cher à nourrir. Malgré tout, il persista dans son idée, qui fut une prescience du succès, puisqu'elle prépara un bon terrain d'élevage, dont son fils devait très largement profiter. Il arriva, à force de patience persévérante, à obtenir des prix dans les concours de poulinières, et il en possédait une douzaine, lorsqu'il céda la suite de ses affaires à son fils, qui devait porter l'œuvre familiale à son apogée.

Nous venons de voir que M. Louis Lallouet s'était efforcé de réunir un bon lot de juments, en vue de les présenter dans les concours. Il s'était donc attaché surtout à la bonne conformation de ses poulinières, sans viser les courses qui étaient alors en petit nombre et très peu rémunératrices, mais la preuve que les juments primées dans les concours pour leurs belles formes offrent des garanties de qualité pour les générations à venir, c'est que Ida Ire, qui a produit Ida II et Brillante, dont la beauté plastique était indiscutable, ont eu une longue descendance de très marquants vainqueurs de courses.

M. Louis Lallouet fut donc le semeur des succès de son fils.

Après ce légitime hommage rendu à la mémoire du père, parlons de la mère de M. Théophile Lallouet, qui eut sur lui une tendre et bienfaisante influence. Ce sont les bonnes mères qui font de leurs fils des hommes sachant se conduire dans la vie.

Mlle Tègle Lefèvre, en épousant son cousin germain et devenant Mme Louis Lallouet, avait fait un mariage d'amour; il fut béni du ciel, puisque de cette union de parenté un peu trop rapprochée, et qui ne donne pas toujours de bons résultats, naquit un fils d'une vigueur physique, d'une intelligence hardie et d'un attachement à ses devoirs, tels qu'on en rencontre peu de nos jours.

Dès son enfance, M. Théophile Lallouet montra beaucoup de résolution et d'initiative dans ses moindres actes. Sa mère sut avec douceur modérer tant de fougue et se fit vénérer par ce fils unique qu'elle adorait et qui le méritait à tous égards.

Il y eut à Montigny une trinité d'affection mutuelle, composée du père, du fils et de la mère, qui remplissait à la fois le rôle de l'ange gardien et du grand conciliateur.

La même trinité devait se renouveler à Sem allé entre M. Théophile Lallouet, son fils unique Fernand et la compagne dévouée que M. Lallouet eut le bonheur d'épouser.

Les cœurs tressaillent et se relèvent de leur désespérance, lorsque l'on rencontre ces tableaux de famille patriarcale et de vie exemplaire.

Je les admire et les salue, lorsque je les rencontre dans les établissements champêtres, car j'ai foi dans les populations des campagnes.

Je ne m'étonne donc pas que Mme Louis Lallouet ait fait de son fils Théophile un homme de premier ordre, et que Mme Théophile Lallouet ait eu assez de diplomatie maternelle pour que son fils, Fernand, malgré la fortune notoire de ses parents, ait voulu être un travailleur émérite parmi tant d'oisifs et d'inutiles fils à papa.

M. Théophile Lallouet fut mis par ses parents au collège d'Alençon, où il travailla de manière à en finir le plus tôt possible. Ne nous en étonnons point, car à ce vaillant il faut la vie au grand air. Il termina ses études au collège du Mans.

A l'âge de dix-sept ans, il rentra chez son père et se mit avec entrain aux travaux des champs, dans lesquels il ne tarda pas à exceller. Il se fit tour à tour très bon laboureur et très bon faucheur. Il voulut connaître tous les travaux des champs, pour savoir bien commander, après avoir tout pratiqué par lui-même.

Cette virile et laborieuse école lui a beaucoup servi plus tard. N'oublions pas que la plupart des richissimes Américains ont commencé par travailler aux champs.

Mais M. Théophile fut un cavalier laboureur. Quand il avait un peu de loisirs, il en profitait pour monter à cheval et se former lui-même aux luttes de courses, dans lesquelles il devait devenir très expert et très énergique.

Son père n'approuvait pas cette passion pour les courses, mais sa tendre mère la fit, sinon accepter, du moins tolérer et tout s'harmonisa dans cette patriarcale trinité d'affection et de confiance mutuelles. Dès l'âge de vingt ans le fils unique dirigea tout pour le plus grand bien de la maison.

Il n'est tel qu'une bonne et douce ménagère dans une maison bien tenue, pour que toute la famille soit en accord parfait.

Quand M. Théophile se rendait sur un champ de courses, les frais étaient minimes, car il pilotait, soignait et montait lui-même le ou les chevaux. Jamais il ne fit une dépense inutile et sa sobriété était inébranlable. Il l'a du reste toujours observée et conservée, lorsque la prospérité de la fortune est arrivée avec le cortège des succès si bien mérités.

En outre des qualités primordiales qui ont fait de M. Lallouet un grand éleveur, il possède le don du commerce et cela dès son adolescence. En voici la preuve :

Son grand-père, pour le récompenser de son ardeur au travail, lui avait donné une pièce de cent sous. Au lieu de la dépenser en sucreries ou en futilités, il acheta une agnelle qui fut la génératrice d'un troupeau ovin, comme plus tard Rosière et Glorieuse, les deux célèbres poulinières qu'il avait su distinguer, devinrent les protagonistes de sa fortune chevaline.

Le troupeau ovin avait mis le jeune commerçant à la tête d'un billet de mille francs, mais, hélas ! sur l'avis de son père, il prêta cette somme à un voisin, qui la lui fit perdre.

La leçon fut profitable pour l'avenir, et le père, qui avait eu la mauvaise inspiration de ce prêt funeste, voulut réparer sa faute en donnant à son fils une belle génisse, qui, naturellement, fit encaisser plus de bénéfices que l'agnelle.

De là vinrent chez M. Théophile Lallouet le goût des bons bœufs et la parfaite connaissance dans ce genre de commerce, en même temps qu'une presque infaillibilité dans tout ce qui concerne les races chevalines

En 1870, lorsque sonna le glas de l'année néfaste, où les plus vaillants soldats de notre glorieuse armée de Crimée et d'Italie, les vainqueurs de l'Alma et de Malakoff, les héros de Magenta et de Solférino, furent surpris et battus, il fallut, pour sauver l'honneur et ne pas se rendre sans avoir recours à de suprêmes efforts, hélas! demeurés inutiles, faire appel aux gardes mobiles. Ceux de la Sarthe furent sans peur et sans reproche, parce que dans leurs vaillantes poitrines battaient des cœurs bien Français.

Parmi eux, M. Théophile Lallouet qui, par sa fière et énergique nature, aime la lutte et les difficultés à vaincre, ne sourcilla pas devant le danger et remplit bravement son devoir envers la patrie, qui lui est chère comme à tous les cœurs bien nés.

Ces virils et nobles sentiments patriotiques, dont il ne s'est jamais departi, sont à mes yeux l'un de ses meilleurs titres au respect de tous.

M. Lallouet avait le cœur trop haut placé pour ne pas se montrer digne des vaillants Français qui, au moyen âge, eurent la gloire de conquérir l'Angleterre et les deux Siciles. Quand il fallut aborder les Prussiens avec son régiment, il fut heureux de remplir tout son devoir.

Honneur à lui ! Sa conscience ne peut lui reprocher de s'être occupé de s'enrichir au lieu de combattre les envahisseurs de la France. L'argent grapillé ainsi sur les détresses de la patrie lui aurait brûlé les doigts, et c'est par de tels sentiments qu'il est vraiment digne de porter la décoration de la Légion d'honneur, décoration que ses nombreux et éclatants services rendus au Ministère de l'Agriculture et à l'Administration des Haras, dont il a peuplé les dépôts par les excellents étalons qu'il lui a procurés, doivent faire changer sans retard en la rosette d'officier.

CHAPITRE II

L'Union parfaite

La théorie de la métempsycose, qui fut préconisée par les philosophes grecs et chantée par les grands poètes qui resplendirent aux pays des cieux sans nuages, m'a toujours paru admissible en ce qui concerne les natures d'élite. Je crois à l'attraction magnétique des âmes et des cœurs nés l'un pour l'autre, et créés ainsi sous l'œil de Dieu et le sourire des anges gardiens.

A cet égard, et pour justifier ma croyance, je pourrais citer nombre de faits qui expliqueraient l'union parfaite de Madame et Monsieur Lallouet, union si constante, qu'elle a pu arriver vite à une réussite exceptionnelle dans leur vie de travail incessant, mais je préfère rappeler simplement les préliminaires du mariage des deux lauréats de l'élevage des chevaux d'élite, dans la splendide race du demi-sang français.

On peut et l'on doit dire des deux époux modèles dont nous retraçons l'exemplaire vie, qu'ils ont inventé le *succès par le travail*, et non par le capital.

Les deux futurs époux étaient voisins dans une petite région champêtre de la Sarthe, sur les confins de l'Orne. Ils se plurent tout d'abord, comme si leurs âmes réincarnées avaient déjà sympathisé dans une vie précédente.

Le mariage eut lieu en 1874, et dès ce moment, Mlle Léontine Thibault, devenue Mme Lallouet, se mit à être une très active fermière normande, bien que son père l'eut fait élever dans un autre but. Elle eut l'œil à tout dans la gérance de la maison, et sut se faire obéir par le personnel de la ferme, qu'elle séduisit par son affabilité et sa justice dans les réprimandes comme dans les récompenses.

La vie et la mansuétude patriarcales furent adoptées par Monsieur et Madame Lallouet dans tous leurs rapports avec leurs employés, mais chez eux l'indulgence pour les petites fautes n'exclua pas la sévérité pour les plus graves. Cette balance, d'une justesse très précise et d'une justice très scrupuleuse, don-

CHAPITRE III

Les Tribulations d'un bon Mari

Tout allait bien au haras de Semallé depuis que le jeune ménage y était venu, et les deux époux n'avaient qu'à se louer de leur nouvelle installation, où leur fils Fernand poussait bien, comme l'on dit en pays normand, et donnait sous tous les rapports les plus belles espérances.

Les ventes de bœufs avaient fait encaisser de beaux bénéfices. La belle et bonne poulinière Rosière, après avoir été vide en 1880, avait produit un magnifique poulain bai, par Serpolet. On lui fit fête en le nnmmant Dancourt, et l'on rêva pour lui de souriantes destinées, que le dieu du sport se plut à réaliser.

Mais, hélas ! toute médaille dorée a son revers, et le revers fut dur, la douleur fut

nèrent aux jeunes époux une très grande autorité sur tout le personnel de leur ferme.

Pour prouver à ses employés qu'il les considérait comme de la maison et comme des frères en travail, M. Lallouet eut l'idée de prendre ses repas avec sa femme dans le même appartement qu'eux, toutes les fois qu'il n'avait pas des voisins, des invités ou des visiteurs à recevoir.

C'est là du bon et pratique socialisme.

Ce rapprochement demi-familial valut aux maîtres de la maison plus d'un dévouement sincère. Aussi les bons résultats de l'union parfaite, dont nous rappelons la tendre et touchante idylle, ne tardèrent pas à se produire. Dès l'année 1875, les sommes gagnées par le petit élevage de chevaux de demi-sang, créé par M. Lallouet, atteignirent le chiffre de 7.630 francs. Il se trouvait alors à la ferme de la Blosserie, à Montigny, où il demeura jusqu'en 1879, c'est-à-dire jusqu'au moment où il acheta la propriété de La Fontaine, commune de Semallé, pour y fonder son haras, qui devait acquérir une illustration incontestée, non seulement en France, mais aussi en Europe et jusqu'en Amérique.

Dans quelques chapitres spéciaux nous retracerons le chemin parcouru par la grande

permis de distinguer les chevaux de bon avenir, comme les bœufs susceptibles d'engraisser vite et bien sur les prairies normandes.

L'origine de l'Iliade chevaline que nous avons à raconter repose non pas sur une tête d'épingle, mais sur la qualité de la poulinière nommée Ida Ire. Sa descendance, grâce au tact avec lequel M. Théophile Lallouet sut tirer parti de sa race bien sélectionnée, a constitué un véritable trésor d'élevage, une mine de victoires de courses.

L'objectif et même l'idéal de M. Lallouet, c'est le travail incessant et sa nature de très robuste Manceau lui permet d'accomplir des prodiges d'activité. Au cours de la saison estivale et de ses voyages à Paris, il n'est pas rare de le voir arriver vers cinq heures du matin à la gare Montparnasse, puis de se faire conduire au chemin de fer du Nord et d'y prendre le train pour assister aux galops de ses chevaux de pur sang à Chantilly.

Ne croyez pas qu'il va s'arrêter là. Ne faut-il pas qu'il soit rendu au grand marché de La Villette pour y vendre les bœufs de choix qui ont été engraissés sur ses nombreux herbages ?

Et si le même jour il y a des courses au trot sur l'hippodrome de Saint-Cloud, vous êtes

assuré de le trouver vers deux heures à son poste de combat.

Voilà une journée bien remplie et bien employée, direz-vous. Eh! bien, presque toutes sont de même chez ce laborieux exceptionnel. Il a droit de demander du travail assidu à ceux qu'il emploie, car il en exige encore plus de lui-même. C'est sa vie, son plaisir, son bonheur.

Il est juste de dire que M. Lallouet est admirablement secondé par la compagne de son existence si bien remplie. Il sut la choisir après une idylle d'estime réciproque et de sympathie mutuelle. N'est-il pas juste que ces deux époux modèles soient récompensés de leur union parfaite, qui est sur la terre une garantie de réussite dans tout ce que l'on entreprend, et qui donne un avant goût des félécités célestes, dont personne ne pourra détruire le fécond idéal.

Mme Lallouet tient la comptabilité si importante de la maison, et l'ordre le plus parfait, l'ordre d'une femme toute dévouée à la réussite de son mari, règne dans la plus vaste entreprise chevaline que nous ayons en France.

Il est certain et probant que la haute réussite de la maison Lallouet a été obtenue par un

travail constant et bien gradué, et non par de gros débours de première mise de fonds. La puissance capitaliste, contre laquelle on déblatère tant, n'a rien fait pour la fortune actuelle de M. Théophile Lallouet.

Cet éclatant succès est venu par le travail incessant, par le seul travail.

C'est d'un petit lot de poulinières bien choisies, lot modeste et modique comme la maigre source d'un grand fleuve, que sont sortis peu à peu les trois cent vingt chevaux de la race Lallouet, qui forment aujourd'hui un régiment de choix pour la plus grande gloire de la Normandie, et les cinq cents bœufs qui passent chaque année sur les herbages de Semallé et ses annexes, car M. Lallouet est non seulement propriétaire du magnifique domaine de La Fontaine, mais aussi très important fermier de vastes et excellentes prairies. Il en loue pour la grosse somme de cinquante six mille francs par an.

Quel noble exemple et quel encouragement aux hommes de travail et de bonne volonté ! Tout vaillant travailleur, dans n'importe quelle carrière commerciale et dans n'importe quel métier, peut marcher vers le succès et avoir l'espérance en même temps que la faculté d'acquérir une fortune, s'il veut s'astreindre à

faire des économies sur les premiers bénéfices de son labeur. En procédant ainsi l'on a chance de faire prospérer et grossir chaque jour ses premiers gains.

Il n'y a que le premier argent qui soit difficile à gagner et à conserver. Le reste vient pour ainsi dire de lui-même.

Au cours d'une série d'études très documentées, que j'ai publiées en 1890 dans le journal *Auteuil-Longchamp*, j'ai dit de M. Lallouet : c'est un méridional du Nord.

L'appréciation me semble encore fort juste, car tout en possédant le calme et la prudence atavique des Manceaux, M. Lallouet a l'intelligence très vive et l'initiative des races réchauffées par les baisers du soleil du Midi.

M. Lallouet a peuplé d'étalons de premier ordre les nombreux dépôts de nos haras nationaux. Sous ce rapport, nous devons tous lui rendre hommage et constater avec déférence la durée de ses succès. C'est ce qu'a fait M. Leroux, maire de la commune de Cerisé, et très philosophique poète campagnard, dans la piécette de vers suivante :

Hommage à Théophile Lallouet

Saluons tous, Normands,
Le nom de Lallouet,
Car dans le demi-sang
Il est premier sujet.
Soit sur les champs de courses,
Ou bien dans les concours,
De ses chevaux toujours
Grandes sont les ressources.

Depuis que Valencourt au Derby de Rouen
Fut presque le premier auprès de Vert Galant,
Le nombre des trotteurs sortis de La Fontaine
Pour y rentrer vainqueurs se compte non sans peine.

Pour les rappeler tous il me paraît certain,
Que plus courtes seraient les litanies des saints,
Surtout si l'on y joint les noms des poulinières,
Qui dans les concours furent bonnes premières.

De leur splendide allure, en faisant leurs épreuves,
Aux regards du public elles offrent les preuves,
Et parmi celles-ci, pour en arriver là,
Un grand nombre courut comme fit Ellora.

En deux ans de succès chacun de nous put voir
Et toujours admirer l'étalon Beaumanoir.
En courses, en achat par le Gouvernement,
Il a pu rapporter presque son poids d'argent.

Diogène et Dangeul encor tout récemment
Se sont placés premiers au Prix du Président,
Diogène monté par le fin cavalier
Qu'est Fernand Lallouet, Dangeul par Métivier.

Du papa Lallouet le pays est très fier,
En voyant les progrès d'aujourd'hui sur hier,
Les décorations, après les fortes sommes,
Font de ce travailleur le roi des hippodromes.

Toujours heureux de ses succès
Dont j'ai du plaisir à l'excès,
Je les cherche toujours de près
En lisant le journal exprès.

F. LEROUX.

Cerisé, le 24 mars 1907.

On voit, par ce petit poème, que si M. Lallouet a quelques jaloux, comme tous les heureux des grands succès, il a aussi ses dévoués admirateurs, ainsi qu'il le mérite à tous égards, et ce sont ces admirations franches et sincères qui font le bonheur de Mme Lallouet.

Les premières années de cette union parfaite se passèrent à Montigny, où naquit M. Fernand Lallouet; mais, en 1878, M. Théophile songea à se mettre *dans ses propres terres*, afin de mieux asseoir son centre d'élevage. Il fit l'acquisition de trente-trois hectares d'herbages en première qualité, en achetant la propriété de La Fontaine, à laquelle il ajouta peu à peu tout ce qu'il trouva à acheter, si bien qu'aujourd'hui il possède cent cinquante hectares de prairies de premier choix.

En 1879, il vint prendre possession de la

belle propriété, où la chance ne tarda pas à lui sourire, car dès 1881 y naissait Dancourt et dès 1882 Elan et Ellora, qui furent les protagonistes et les précurseurs de très persistants succès.

écurie Lallouet qui, de 1875 à 1907, c'est-à-dire dans l'espace de trente-deux ans, a su encaisser plus de cinq millions de recettes des plus honorables, en sommes gagnées dans les concours, dans les épreuves de courses et dans les prix de vente à l'Administration des Haras.

Dans le total de ces cinq millions de recettes, toutes facilement contrôlables, puisqu'elles proviennent d'argent publié par tous les journaux de sport et même par les organes politiques, ne sont pas comprises les sommes produites par les ventes de chevaux ou de juments à des propriétaires Français ou à des acquéreurs étrangers; mais en ce moment nous devons traiter le côté psychologique de l'œuvre Lallouet, et pour cela nous allons tracer le plus exactement possible la biographie du célèbre créateur du haras de Semallé.

Dans n'importe quelle carrière qu'il eût adoptée, M. Théophile Lallouet aurait réussi, parce que la nature l'avait bien doué sous le triple rapport de l'intelligence, de l'amour du travail et d'une énergie à toute épreuve, mais il a eu raison d'adopter la virile voie de grand éleveur normand, car il était tout spécialement armé pour le succès dans ce difficile genre d'opérations. Il en avait le flair spécial et son coup d'œil, presque impeccable, lui a toujours

MADAME LALLOUET

cruelle pour M. Lallouet. Sa jeune femme, tant et si justement aimée, tomba malade et le nouveau propriétaire du haras de Semallé eut double travail, car il lui fallut s'occuper à la fois de l'intérieur et de l'extérieur de son entreprise agricole et chevaline.

Il dut être à la fois à la cave et au grenier, au four et au moulin, comme l'on dit en langage populaire.

Cette épreuve fut d'autant plus dure et douloureuse pour M. Lallouet, qu'elle arriva au sortir de l'année 1880, au cours de laquelle la jeune écurie, grâce à Valencourt, qui avait gagné le prix d'Essai à Vincennes et s'était placé second dans le Derby de Rouen, avait été fort heureuse puisqu'elle avait encaissé 31.500 en prix de courses et 3.650 francs dans les concours.

En 1881, les recettes des primes dans les concours s'élevèrent à 5.700 francs, et celles des prix de courses à 23.695 francs.

Mais par un jeu du sort, une variation de chance, un revirement des choses d'ici bas, deux années maigres succédèrent aux deux années grasses de 1880 et de 1881.

En 1882, il y eut baisse dans les résultats des prix des courses, qui ne dépassèrent pas 10.265 francs, mais les chiffres des primes dans les concours se maintinrent à 4.450 francs.

En 1883, nouvelle mais peu marquante baisse dans le total des encaissements. Les prix de courses firent entrer au haras de Semallé 10.330 francs, et les primes des concours ne dépassèrent pas 4.100 francs.

Heureusement que l'année 1884 devait voir en même temps la complète guérison de Mme Lallouet et l'apparition de Dancourt dans les courses de trois ans.

M. Lallouet avait eu d'autant plus de mérite de faire face aux difficultés de son double travail d'intérieur et d'extérieur, pendant la maladie de sa jeune femme, qu'il ressentait des douleurs lancinantes en la voyant souffrir et même être en danger. Il prenait sur lui d'avoir toujours un visage souriant, lorsqu'il venait retrouver la malade après avoir accompagné le médecin, qui plus d'une fois lui avait manifesté des craintes sur l'état de la souffrante. Il affectait même de chanter, alors qu'il aurait eu envie de pleurer.

Ses tribulations d'excellent mari étaient fort grandes, mais son double travail ne fut jamais négligé. Pour lui la fatigue physique n'existait pas, mais la douleur morale était immense et très cruelle. Il fut récompensé de son énergie et de sa bonté, dès l'année 1884, par les succès de son beau cheval Dancourt. Après un pénible orage, l'horizon devint pour lui très souriant, et l'épopée du haras de Semallé eut son aurore dès 1885, pour faire de M. Lallouet le roi soleil du Demi-sang, grâce aux triomphes d'Elan et d'Ellora.

En 1880, Valencourt avait commencé cette Iliade chevaline, en remportant le prix d'Essai à Vincennes, pour devenir plus tard un étalon remarquable, puisqu'il fut le père d'Impétueuse, l'une des meilleures juments qui aient paru sur le turf des trotteurs.

Dancourt la continua en 1884, et puis vint une série de fils ou de filles de Phaéton, qui permit à M. Lallouet d'acheter toutes les prairies à vendre autour de sa propriété de La Fontaine.

Depuis 1880, c'est-à-dire depuis vingt-sept ans, la casaque marron et bleu a gagné douze fois le prix Bayadère, qui est réservé aux pouliches de trois ans, huit fois la course des poulains et trois fois l'une et l'autre dans la même année.

Elle a gagné dix fois le Derby des trotteurs à Rouen; trois fois le prix du Président de la République.

Nous relaterons, année par année, la prodigieuse série de ses triomphes, de 1884 à 1907, c'est-à-dire depuis Dancourt jusqu'à Diogène, Dangeul et Esther, pour prouver que M. Lallouet est le principal créateur de cette admirable race de demi-sang, qui est en progrès incontestable et à laquelle le monde entier rend hommage.

Passons maintenant à la création du haras de Semallé et racontons par quelles circonstances, presque providentielles, la propriété de La Fontaine fut acquise en petite partie par M. Lallouet, et comment elle fut constituée peu à peu telle qu'elle était naguère, avec les cent cinquante hectares qui entourent la maison d'habitation.

CHAPITRE IV

La Création du Haras de Semallé

La Providence hippique, qui semble veiller sur la bonne étoile de M. Lallouet, a vraiment joué un rôle prépondérant, lors de l'achat subit de la propriété de La Fontaine, qui amena la création du haras de Semallé.

J'ai été mis au courant des diverses circonstances, qui amenèrent l'acquisition des herbages appelés à devenir une illustration chevaline pour le département de l'Orne et surtout pour les alentours d'Alençon. Je vais les raconter telles que plusieurs voisins de M. Lallouet me les ont fait connaître.

Le coup de chance qui mit la propriété de La Fontaine entre les mains de M. Lallouet n'est pas ordinaire. Ce fut parce qu'un grand propriétaire terrien voulut lui jouer un mauvais tour, que cet éminent travailleur put acheter les excellents herbages, qui sont devenus pour lui une véritable mine d'or.

Voici comment les choses se passèrent.

Le mauvais riche, dont s'agit et dont je veux taire le nom parce que de tels êtres sont une honte pour l'humanité, était tellement jaloux de M. Lallouet qu'il lui fit quitter la ferme où l'éleveur de Valencourt se trouvait. M. Lallouet apprit que le grand domaine de La Fontaine était à vendre par autorité de justice au prix de quatre cent mille francs. Ce prix était trop élevé pour ses ressources actuelles, mais il alla trouver l'avoué chargé de la vente et lui suggéra l'idée de vendre par petits lots, afin de réaliser plus d'argent pour les créanciers, qui étaient au nombre de quarante.

L'avoué convoqua les créanciers qui approuvèrent cette solution, et le principal lot comprenant tous les bâtiments de la grande propriété fut adjugé à M. Lallouet au prix de cent cinquante mille francs ; les frais d'adjudication en sus.

Ces bâtiments, très solidement construits, avaient coûté plus de deux cent mille francs. Pour l'installation de son haras, M. Lallouet n'eut qu'à faire des séparations, afin d'avoir de bons boxes à l'usage de ses chevaux.

L'affaire était donc des meilleures et les 33 hectares d'herbages en première qualité ne coûtaient vraiment pas ce qu'ils valaient.

Ce qui avait séduit Monsieur et Madame Lallouet lorsqu'ils étaient venus visiter La Fontaine, c'était l'eau vive qui entoure la maison, les magnifiques pins, les superbes ormeaux et un marronnier d'Espagne plusieurs fois séculaire.

Cet immense marronnier se trouve à l'entrée de la très vaste cour située devant la maison et entourée par les monumentales constructions des diverses écuries. A une hauteur de cinq à six mètres il se divise en plusieurs branchages très gros eux-mêmes et qui s'élèvent vers le ciel. Quand il est couvert de fleurs, c'est une merveille.

Sur le mur de la principale écurie, l'on a inscrit, avec les plaques des primes obtenues dans les concours, le nom du haras de Semallé parfaitement dessiné et les initiales L. T., qui peuvent signifier Lallouet-Thibault, c'est-à-dire les noms de famille de Monsieur et de Madame Lallouet, ou Léontine Théophile, c'est-à-dire les deux petits noms de la maîtresse et du maître de la maison.

Il y a une écurie pour les chevaux de commerce et une pour les vaches. Le tout est fort bien tenu.

Parmi les constructions monumentales que les précédents propriétaires de La Fontaine avaient édifiées, il y avait une bergerie très vaste et de très beau modèle. M. Lallouet l'a divisée en compartiments pour ses poulains. Ils sont là fort bien et très sainement logés.

Autour de la grande cour, ou dans ses annexes, il y a eu assez de place pour installer soixante-douze boxes destinées aux chevaux de courses.

En plus de ces soixante-douze boxes du haras de Semallé, le grand éleveur en loue trente-huit auprès du champ de courses du Mans, afin de faire entraîner ses meilleurs chevaux sur la piste des Hunaudières, qui est bonne en toutes saisons.

La petite piste d'entraînement dont on se sert à La Fontaine a mille soixante-dix mètres de tour, et la plus grande quinze cent neuf mètres.

Il n'y a pas de luxe dans les diverses installations du haras de Semallé, mais tout y est combiné pour le bien être des chevaux, ce qui est là le point essentiel.

Aucune entreprise commerciale ne peut être

mieux dirigée et mieux conduite, grâce à la parfaite union de l'infatigable M. Lallouet, de sa très laborieuse dame et de leur fils, non seulement unique au point de vue numérique, mais aussi sous le rapport de la plus haute raison et de l'amour du travail.

Ce qui m'a frappé le plus dans cette étude faite sur place, c'est que par un heureux coup du sort, ou plutôt par une destinée providentielle, M. Lallouet, au lieu d'avoir été victime du mauvais riche à cervelle détraquée, dont la jalousie féroce s'était acharnée contre lui, a été favorisé par cette persécution qui n'avait pas raison d'être et que rien ne justifiait.

Ce fut sans doute l'influence presque céleste de la bonne étoile Lallouet.

CHAPITRE V

M. Fernand Lallouet

La première fois que je vis M. Fernand Lallouet, ce fut au sortir d'un banquet qui avait réuni les principaux éleveurs des environs d'Alençon et du département de l'Orne, banquet qui avait eu lieu à l'Hôtel de la Pyramide, pour faire suite au concours annuel de poulinières, où j'étais venu afin d'en publier le compte rendu dans mon journal l'*Entraîneur*.

Le tout jeune Fernand était avec son grand-père, qui l'aimait beaucoup et qui avait pour lui les plus tendres soins. Cet excellent grand-père était venu habiter Alençon pour éviter à son petit-fils la promiscuité de l'internat dans un collège ou une pension quelconque.

Sa tenue si correcte dans tous ses actes de jeune homme est due à la tendre précaution de ses parents, qui ne cessèrent de le faire vivre de la vie de famille et de lui en donner le goût.

Le jeune Fernand avait par atavisme le goût du cheval et de la virile équitation. Toutes les fois qu'il avait quelques jours de vacances, il s'empressait de venir à Semallé et là, sous les yeux de son père, il chevauchait vaillamment. Il était déjà bon cavalier, lorsqu'à l'âge de dix-neuf ans il termina ses études classiques et rentra auprès de ses parents.

A sa place, plus d'un autre jeune homme, se sachant riche et fils unique, aurait voulu mener la vie oisive et fêtarde, mais il avait le cœur et l'esprit trop haut placés pour ne pas se garer d'une existence inutile à tous, et ne pouvant pas donner l'estime et le contentement de soi-même.

Il demanda sa part dans le grand et si honorable travail de son père et de sa mère.

De là, naquit la trinité Lallouet, qui donne de si bons exemples et de si fructueux résultats.

M. Fernand s'était mis à monter des chevaux de l'écurie paternelle, tout en étant encore au collège. Ce fut ainsi que sur l'hippodrome du Mans il gagna, comme son père l'avait fait avant lui, sa première course.

Par tradition de famille, le 16 juillet 1893, à l'âge de seize ans, le jeune Fernand triompha dans le prix du Gouvernement sur 3.200 mètres en montant Messagère. La course fut disputée sur l'hippodrome Manceau des Hunaudières, dont la piste est l'une des meilleures de France.

C'est probablement ce qui engagea plus tard le jeune Fernand à venir entraîner sur ce terrain sablonneux les meilleurs chevaux de l'écurie paternelle.

Ce ne fut qu'en 1897 que ce bon cavalier se mit à monter d'une façon suivie sur tous les hippodromes. Après être arrivé second à Rouen avec Quintilien et second à Neuilly-Levallois avec Qualifiée, il gagna le prix des Fondateurs, sur 3.000 mètres, en montant Quimper à Sillé-le-Guillaume.

Il arriva second à Caen, sur 4.000 mètres, dans le prix de la Ville de Caen, avec Qualifiée, et second dans le Grand Prix de Pont-l'Evêque avec Quorum.

A Courseulles-sur-Mer, il monta Quorum et fut vainqueur dans le prix de la Société des Steeples-chases, sur 3.000 mètres.

A Dieppe, dans le prix de la Société d'Encouragement, sur 3.000 mètres, il gagna avec Quimper.

A Neuilly-Levallois, sur 3.700 mètres, il fut vainqueur en montant Qualifiée.

Au Pin, sur 4.000 mètres, il fit triompher Quorum.

Nous avons tenu à relater en détail toutes les courses fournies par M. Fernand Lallouet au cours de sa première année de monte en 1897, mais il serait trop long de citer toutes les autres. Nous nous contenterons de constater qu'il a déjà gagné plus de cent cinquante courses, parmi lesquelles tous les Derbys du Trotting français. Il a d'autant plus de mérite qu'il rend le plus souvent quarante ou cinquante livres à ses adversaires. Il les bat par son énergie, sa parfaite assiette en selle et sa douceur de main. Bien des chevaux, qui sont immenables pour d'autres cavaliers que lui, entre autres la splendide lauréate Vénus et le sculptural Beaumanoir, n'ont voulu obéir qu'à lui; tous deviennent dociles et bien équilibrés, grâce à ses soins et à ses aptitudes hippiques.

Il nous semble juste et utile de faire remarquer que l'écurie Lallouet semble avoir pris un abonnement pour gagner tous les ans vers la fin de la saison le prix du Record, à Caen, sur 4.000 mètres. Elle démontre ainsi que ses chevaux ont à la fois du fond et de l'endurance.

La supériorité de ces demi-sang tient, j'en suis persuadé, à ce que chez eux l'on trouve la beauté plastique, obtenue et réunie à des qualités indéniables par une sélection attentive, prévoyante et toujours éclairée. Il le faut bien, du reste, car la concurrence dans les courses au trot est devenue très grande, et les champions de l'écurie Lallouet rendent presque toujours un poids considérable à leurs divers concurrents.

A ce propos, il me semble utile et urgent de demander à la Société du demi-sang, qu'elle ne maintienne par sur ses programmes le poids de 60 kilos à porter par les trotteurs. Il n'y a pas plus de trois jockeys, sur cent, qui puissent monter un trotteur au poids de 60 kilos.

A mon avis de vieux praticien, le poids de 75 kilos au minimum devrait être réglememtaire dans les courses au trot. Elles seraient plus régulières et plus probantes.

Les victoires de M. Fernand Lallouet, qui ne peut monter *à moins de quatre-vingt dix kilos* et qui gagne quand même, indiquent la voie à suivre pour le bien général, car beaucoup des meilleurs jockeys de trot pèsent 75 kilos. N'est-il pas un peu ridicule de conserver sur les programmes officiels le faux poids de 60 kilos, qui constitue un trompe-l'œil et n'est pas digne d'une société sérieuse et d'utilité publique comme la Société du demi-sang ?

Terminons par quelques aperçus philosophiques ce chapitre consacré à M. Fernand Lallouet, qui donne le bon exemple d'un jeune homme riche voulant se rendre utile au lieu de demeurer oisif, et qui ne s'occupe de ses plaisirs, qu'après avoir vaqué à son viril travail.

M. Fernand est surtout remarquable, en courses comme dans la vie usuelle, par son calme, son flair, son tact et son jugement très sûr.

Il tient de son père et de sa mère une politesse, qui vient des bons sentiments, et ne se trouve que dans les natures bien douées. C'est la vraie politesse française, qui malheureusement tend à disparaître chez nous. Elle n'est jamais obséquieuse et ne ressemble en rien aux roublardises flagorneuses qui sont à l'ordre du jour parmi les arrivistes et les nouvelles couches des villes, mais elle existe encore parmi les habitants des campagnes, et le devoir d'un écrivain est de la saluer quand il la rencontre.

Dans les environs d'Alençon, qui semblent privilégiés sous ce rapport, l'on trouve des paysans avenants et polis, surtout dans la commune de Semallé, où la généralité est demeurée saine dans ses idées et ses sentiments. Heureuse et rare région dans notre beau pays de France !

Il est vrai que l'exemple de cette aménité mutuelle est donnée à Semallé par toute la famille Lallouet. Il m'est facile d'en citer une preuve récente.

L'habitude de la maison est, lorsque l'on a gagné un prix important, de donner une fête non seulement au nombreux personnel de la propriété de La Fontaine, mais aussi à tous les ouvriers des environs qui ont été employés à un titre quelconque.

En 1906, et en 1907, plus de 120 à 130 employés de la ferme furent conviés pendant plusieurs jours à des repas normands, c'est-à-dire à des noces pantagruéliques, pendant lesquelles M. Fernand se multipliait pour être agréable à tous ses invités.

La voilà bien la vraie solution de la question sociale, et en même temps la principale cause de la persistante réussite de ce que l'on doit appeler la trinité Lallouet, dans laquelle le fils, bien que se sentant assez riche pour mener une vie oisive, a voulu, comme ses parents, mériter le succès par le travail.

Certes pour agir ainsi à notre époque d'égoïsme et de paresse devenue presque générale, il faut avoir une intelligence élevée et le noble désir de faire œuvre qui vaille, au lieu de vivre comme un bourgeois inutile et banal, mais il faut surtout un grand cœur, et c'est ce que l'on rencontre chez le trio Lallouet.

Les jaloux et les envieux ont parlé de chance inouie, de veine agaçante, etc., etc.

La chance, j'y crois très peu, et je ne connais rien de plus impropre que ce mot là.

Dire qu'un homme est venu à son bon moment pour tirer un fructueux parti de son travail, de son courage et de ses aptitudes spéciales, c'est très juste, mais le terme de chançard est une protestation contre le légitime succès, protestation formulée par l'envie pour déprécier le vrai mérite.

Hélas ! c'est la peste actuelle. Espérons que la noble et belle France n'en mourra pas ; mais comme elle en souffre !!

CHAPITRE VI

De 1875 à 1907

ès la seconde année du mariage de M. Théophile Lallouet avec Mlle Léontine Thibault, le succès apparut. Il fut modique dans les courses, mais déjà caractéristique dans les concours.

En courses, le 22 août 1875, sur l'hippodrome des Hunaudières, dans le Prix de la Ville du Mans, Valentine, par Young Volonteer, arriva troisième derrière Pourquoi Pas et Peters. Elle reçut 100 francs.

A Mortagne, le 5 septembre, dans le premier Prix de l'Administration des Haras, Francœur, poulain gris de race Percheronne, fut monté par M. Lallouet et gagna 400 francs après être arrivé bon premier.

Le lendemain, 6 septembre, sur le même hippodrome de Mortagne, dans le Prix d'Encouragement, dont le parcours était de 4.000

mètres, Francœur fut vainqueur et fit toucher 1.000 francs à son jeune propriétaire.

Ce ne fut donc qu'une somme de 1.500 francs que M. Lallouet encaissa par les courses en cette année 1875, mais dans les primes des concours il fut beaucoup plus heureux, puisqu'il reçut 7.650 francs, ainsi répartis : 600 francs dans les concours réservés aux pouliches du département de la Sarthe et 1.400 francs pour les poulinières qui se trouvaient dans les mêmes conditions ; puis, dans les concours régionaux, la réussite fut plus importante et plus méritoire, car M. Lallouet remporta assez de primes pour toucher la somme globale de 7.650 francs.

Le total des sommes gagnées en 1875 fut donc de 9.150 francs, c'est-à-dire de quoi bien nourrir et bien soigner le petit nombre de chevaux qui composaient alors le naissant élevage.

Je crois devoir insister sur la prédilection que M. Lallouet a toujours eue pour les chevaux de belle conformation, et sur son désir de les voir triompher dans les concours comme sur les hippodromes. Il est persuadé qu'un lutteur de courses doit être bien doué au point de vue plastique, afin que ses forces soient en parfait équilibre, et les résultats lui ont toujours donné raison, puisque du temps où il montait lui-même sur les hippodromes, comme aujourd'hui où son très digne fils le remplace à ce poste de combat équestre, ses chevaux ont pu et peuvent encore rendre beaucoup de poids à leurs concurrents.

ANNÉE 1876

Un fait bien caractéristique nous prouvera qu'en 1876 les courses au trot étaient encore peu nombreuses et peu suivies. Au beau pays d'Avignon, dans le Prix de la Ville, qui était de 600 francs, à disputer sur 3.200 mètres, entrée 10 francs, la course, faute de concurrents, ne put avoir lieu le 28 mai.

Cela constaté, venons au principal sujet qui doit nous occuper dans cette étude historique.

Le 20 août, au Mans, dans le Prix de la Ville, sur 4.000 mètres, l'écurie Lallouet prit les deux premières places, l'une avec Rabat-Joie, l'autre avec Renfort. Elle gagna 500 francs avec le premier et 300 francs grâce au second.

L'un des chevaux était monté par M. Louis Lallouet, père de M. Théophile, l'autre par M. Théophile.

Le 23 juillet, à La Roche-sur-Yon, dans les

épreuves d'étalons, sur 4.000 mètres, Rabat-Joie arriva troisième et reçut 500 francs.

A Saintes, le 30 juillet, dans les épreuves d'étalons, sur 4.500 mètres, Rabat-Joie arriva de nouveau troisième et fit encaisser 500 francs.

A Craon, le 3 septembre, dans le premier Prix de l'Administration des Haras, sur 3.000 mètres, Rabat-Joie, très bien monté par M. Théophile Lallouet, arriva premier. Le premier prix était de 400 francs.

Le 3 septembre, à Mortagne, dans le premier Prix de l'Administration des Haras, sur 4.000 mètres, Renfort, par Clear of the Way, fut premier et reçut 400 francs.

Puis, dans le troisième Prix de l'Administration des Haras, sur 4.000 mètres, le même Renfort arriva troisième et gagna les entrées des chevaux engagés jusqu'à concurrence de 200 francs. Le surplus de ces entrées devait alors revenir au fond de courses.

Le 4 septembre, sur le même hippodrome de Mortagne, Renfort arriva premier en 4.000 mètres et gagna 700 francs.

Puis, dans le Prix de la Société d'Encouragement, sur 4.000 mètres, Renfort recourut, gagna et fit encaisser 1.000 francs à son jeune propriétaire qui, pour le monter, était revenu de Craon, où il avait gagné la veille avec Rabat-Joie.

Ce Renfort était un poulain de trois ans, gris fer. Sa taille n'atteignait pas plus de un mètre 52 centimètres. Il appartenait à la race Percheronne.

Le 10 septembre, à Illiers, Renfort arriva second sur 4.800 mètres, contre Fulminant qui était âgé de six ans.

Notons que le temps accordé pour fournir le parcours de 4.800 mètres était de 12 minutes. Le temps mis fut 9' 55".

Renfort ne toucha, comme second, que le montant des entrées, et ces entrées étaient de 10 francs chacune.

Pas très généreux les organisateurs des courses d'Illiers.

Les primes obtenues dans les divers concours de 1876 formèrent un total de 1.950 fr., qui joints aux 6.430 francs gagnés en prix de courses, arrivent au total de 8.380 francs.

ANNÉE 1877

A Rouen, le 24 juin, dans le Prix des Haras, sur 4.000 mètres, Edith, belle pouliche de trois ans, par Clear of the Way et une fille de

Destin, montée par M. Lallouet, arriva première et reçut 700 francs.

Le 8 juillet, dans le Prix de la Ville du Mans, sur 4.000 mètres, M. Lallouet fit arriver Renfort premier, en 7'15". Edith, montée par Basile, fut troisième.

C'est le premier progrès de vitesse que nous avons à constater dans cette étude historique, faite avec plaisir et conscience.

Renfort reçut 500 francs, Edith 100 francs.

A Tarbes, le 19 août, dans les épreuves d'étalons, Renfort fut vainqueur et gagna 1.500 francs.

A Redon, le 26 août, dans le Prix de la Ville, Renfort arriva second sur 4.000 mètres et gagna 150 francs.

Puis, M. Lallouet remporta brillamment le Prix des Haras, sur 4.000 mètres, en montant Edith. Ce prix était de 700 francs.

A Mortagne, le 2 septembre, dans le 3e Prix de l'Administration des Haras, sur 4.000 mètres, Renfort monté par M. Lallouet, arriva premier et gagna 700 francs.

Le lendemain, 3 septembre, dans le Prix d'Encouragement, sur 4.000 mètres, Renfort fut encore premier et ajouta 1.000 francs à la collection de ses succès.

A La Roche-sur-Yon, dans les épreuves

d'étalons, sur 4.000 mètres, M. Lallouet conduisit à la victoire son fidèle Renfort et gagna 2.000 francs.

Dans la même course, Rabat-Joie se plaça troisième et reçut 500 francs.

C'était un très bon déplacement pour l'époque.

A Saintes, dans le Prix des Haras, sur 4.000 mètres, Renfort arriva premier et Rabat-Joie troisième. L'un gagna 1.200 francs et l'autre 500 francs.

Les primes acquises dans les concours furent de 300 francs pour les pouliches et de 2.500 francs pour les poulinières.

Les sommes gagnées dans les courses, en 1877, arrivèrent donc au chiffre de 12.125 francs, qui, joints aux 2.800 francs de primes, formèrent un total de 14.925 francs.

ANNÉE 1878

Au Mans, le 29 juin, dans le Prix de la Ville du Mans, sur 4.000 mètres, *qui devaient être fournis en dix minutes, signe de ces temps encore primitifs*, Renfort, monté par Pelletier, arriva premier, mais n'eut à faire encaisser que 200 francs.

A Caen, le 6 août, dans le Prix de l'Administration des Haras, sur 4.000 mètes, Edith, montée par M. Lallouet, se plaça première en 7'25" et gagna 1.500 francs.

A Falaise, le 11 août, dans le Prix de Consolation, la belle Edith arriva bien première, mais son propriétaire n'eut à toucher que la modique somme de 250 francs.

A Meslay-du-Maine, le 22 septembre, dans le Prix du Conseil Général, sur 3.500 mètres, M. Lallouet fit gagner Edith et toucha 500 francs.

Sur l'hippodrome de Maisons-Laffitte, lors de la Réunion Internationale, au mois de septembre, en l'honneur de l'Exposition universelle, réunion dans laquelle, grâce à la haute intervention de Léon Gambetta, 78.000 francs de prix furent offerts aux trotteurs, la belle et bonne jument Edith, montée par M. Lallouet, dans le Prix de Consolation, sur 3.000 mètres, ne fut battue que de deux cinquièmes de seconde par Lascelles, vieille jument de pedigree prétendu inconnu, mais qui devait être une importation américaine.

Edith, en cette mémorable occasion, eut l'honneur de battre des chevaux de valeur notoire, tels que Normande, Monaco, Vorojey, Pourquoi Pas et cinq autres.

En cette année 1878, les primes obtenues dans les concours donnèrent 1.800 francs aux pouliches et 3.100 francs aux poulinières. Il y eut en plus les primes remportées à l'Exposition universelle de Paris.

Le total des sommes gagnées, en 1878, fut de 13.580 francs.

ANNÉE 1879

Ce fut l'année où M. Lallouet vint s'installer à La Fontaine, où il devait fonder son célèbre Haras de Semallé, qui, grâce à son activité et à ses soins, est devenu si fructueux et si glorieux pour lui, comme pour les siens.

Pendant cette année, il ne fit courir aucun cheval, afin de pouvoir se consacrer entièrement à l'organisation de sa belle propriété, mais il obtint 4.500 francs de primes dans les concours, savoir : 300 francs pour les pouliches, 2 800 francs pour les poulinières et 1.400 francs dans les concours régionaux.

Nota. — Son cheval Renfort, qu'il avait vendu, gagna plusieurs prix en courant sous les couleurs de son nouveau propriétaire.

ANNÉE 1880

Comme par une compensation du destin et un juste retour de l'étoile Lallouet, qui avait dû cesser de rayonner sur les hippodromes, en 1879, pour cause d'installation nouvelle au Haras de Semallé, le succès se produisit fructueusement en 1880, grâce à deux bons poulains qui avaient déjà profité de leur séjour sur les excellents herbages de La Fontaine.

Ces deux lauréats étaient Valencourt, par Niger et Alphérie, fille de Fitz-Pantaloon, et Vert-Galant III, par Phaéton et La Blosserie, par Bassompierre.

Valencourt gagna en courses, pendant l'année 1880, la somme de 14.145 francs.

Vert-Galant III dépassa un peu son camarade d'écurie et récolta 15.555 francs, presque un chiffre fatidique et de bon augure.

A Nantes, au Concours de la Société hippique Française, le 10 mars, dans une épreuve sur 1.200 mètres, Valencourt arrive premier et Vert-Galant III second. L'un touche 600 francs et l'autre 500.

Toutes les pistes où la Société hippique Française donnait ses concours étaient fort exiguës et les chevaux devaient tourner à angle droit. Par conséquent, Valencourt et Vert-Galant III, en gagnant là, firent preuve de souplesse et de bon caractère.

Le 12 mars, sur 4.000 mètres en deux épreuves, toujours à Nantes, Vert-Galant III et Valencourt arrivèrent premier et second, comme ils l'avaient fait l'avant-veille. Ils reçurent 1.500 francs à eux deux.

A Paris, le 1er avril, au Palais de l'Industrie, Vert-Galant III se plaça troisième sur 1.200 mètres et gagna 700 francs.

Le 12 avril, dans la même enceinte du Palais de l'Industrie, aux Champs-Elysées, Vert-Galant III arriva second derrière Virago, sur 4.000 mètres en deux épreuves, et gagna 900 francs. Il courut en 1' 53".

A Vincennes, le 10 avril, sur 3.000 mètres, dans le Prix d'Essai, Valencourt, monté par M. Lallouet, fut premier et battit de loin quinze concurrents. Il fit le parcours en 1'48."

Virago avait gagné le Prix Bayadère, sur 3.000 mètres, en 1' 48 ".

Ce fut le début des premiers progrès dans l'amélioration des vitesses fournies par les chevaux de trois ans.

A Vire, dans le Prix du Premier Pas, le 23 mai, sur 2.800 mètres, Valencourt, monté par M. Lallouet, arriva second derrière Virago, qu'il força à courir en 1' 44". Il reçut 400 francs.

A Vincennes, le 13 juin, dans le Prix de la Société d'Encouragement, sur 3.000 mètres, Valencourt, monté par Désiré, courut en 1' 50", mais il ne put se placer que second derrière Virago, qui le battit de deux secondes. Il gagna 1.000 francs.

A Rouen, le 28 juin, Valencourt, monté par Désiré, dans le Derby des Trotteurs, sur 4.000 mètres, arriva second derrière Virago et gagna 1.400 francs. Il courut en 1' 47".

A Evreux, le 22 août, dans le Prix de la Société d'Agriculture, sur 3.000 mètres, Valencourt, très énergiquement monté par M. Lallouet, fut vainqueur en 1' 50" et battit de trois secondes la célèbre Virago. Il ne reçut que 1,000 francs pour cet exploit, mais la satisfaction de son proprietaire compensa le peu d'argent encaissé.

A Cherbourg, le 5 septembre, dans le Prix du Ministère de l'Agriculture et du Commerce, sur 4.000 mètres, Valencourt, avec la monte de M. Lallouet, arriva premier et gagna 1.020 francs.

A Bernay, le 12 septembre, dans le Prix du Conseil général, sur 2.500 mètres, Valencourt arriva premier et récolta 1.475 francs.

A Flers, le 19 septembre, dans le Grand Prix de la Ville de Flers, sur 4.000 mètres, Valencourt, un peu fatigué, n'arrive que quatrième et ne gagne que 100 francs.

Au Pin, le 26 septembre, dans les épreuves d'étalons, sur 4.000 mètres, Valencourt, bien qu'ayant couru en 1' 49" sur un terrain alourdi par les pluies de l'équinoxe d'automne, ne se place que second derrière Voltigeur (1' 47"), et ne gagne que 1.200 francs.

A Caen, le 1er octobre, dans les épreuves d'étalons, sur 4.000 mètres, le brave Valencourt, pour lequel la campagne de courses de 1880 avait été rude, n'arrive que troisième malgré tout son courage et ne récolte que 15.000 francs.

Voici le résumé des bonnes courses fournies par Vert-Galant III, en 1880.

A Nantes, dans la Grande Poule d'Essai, sur 2.500 mètres, ce vaillant fils de Phaéton et La Blosserie arriva brillamment premier et gagna 1.125 francs.

Puis, à Nantes, il remporta le Prix International, sur 3.050 mètres, et reçut 1.050 francs.

A Vire, dans le Prix du Premier-Pas, sur 2.800 mètres, il fit le parcours en 1' 55", mais ne put se placer que troisième et ne fit encaisser que 250 francs à son jeune maître.

Au Mans, il arriva premier dans le Grand Prix de la Ville, sur 3.000 mètres, et gagna 1.800 francs.

A Rouen, il prit la place de second, sur 3.200 mètres, dans le Deuxième Prix du Gouvernement, et gagna 550 francs.

A La Roche-sur-Yon, il arriva second dans le prix de la Société d'Encouragement, sur 3.200 mètres, en 1' 53", et gagna 350 francs.

A Caen, il fut vainqueur dans le Saint-Léger du demi-sang, sur 4.000 mètres, en 1' 55", et gagna 1.000 francs. Cette vitesse de 1' 55", en terrain défoncé par la pluie, était bonne. Le montant de ce prix fut de 5.500 francs pour le vainqueur, ce qui était une assez grosse somme pour l'époque.

A Pont-l'Évêque, il ne récolta que 1.000 francs pour être arrivé second derrière Voltigeur et devant Virago, qui fut troisième.

Le terrain était tellement lourd que Voltigeur prit la première place en 2' 6", Vert-Galant III la seconde en 2' 8" et Virago la troisième en 2' 9".

Vert-Galant III fut second, grâce à son grand cœur dans la lutte finale.

A Craon, Vert-Galant arriva premier dans le Premier Prix du Gouvernement, sur 4.000

mètres, mais le Gouvernement était peu généreux, car ce premier prix ne se montait qu'à 500 francs.

A Redon, il gagna le Deuxième Prix du Gouvernement, sur 4.600 mètres, et reçut 850 francs.

A Flers, il arriva premier dans le Grand Prix de la Ville de Flers, sur 4.000 mètres, et fit encaisser 1.380 francs par sa jeune écurie.

Au Pin, il se plaça troisième dans la première course des épreuves d'étalons, sur 4.000 mètres, qu'il fournit en 1' 52" et gagna 800 francs.

A Caen, il arriva huitième dans la deuxième course des épreuves d'étalons, sur 400 mètres. Il lui fut alloué 300 francs.

En outre des prix gagnés dans les courses, l'écurie Lallouet reçut dans les concours 3.650 francs, ainsi répartis : 400 francs pour les pouliches, 2.500 francs pour les poulinières et 750 francs dans les concours régionaux.

Le total des sommes gagnées fut de 35.150 francs.

Cette année 1880 mérite de compter comme l'une des plus importantes, parmi les mémorables succès de M. Lallouet. Elle fut l'aurore des éclatants triomphes qui vinrent ensuite,

Haras de Semallé. — Vue des Ecuries.

parce que les victoires de Valencourt mirent en relief le jeune élevage et surtout parce que les excellentes courses de Vert-Galant III encouragèrent M. Lallouet à employer Phaéton comme son étalon préféré, et à établir ainsi les bases de sa fortune, grâce au trio des excellentes lutteuses de courses que furent Ellora, Finlande et Gérance.

ANNÉE 1881

M. Lallouet a toujours aimé à être fixé de bonne heure, par des courses publiques, sur la qualité et la valeur de ses jeunes chevaux. Il sait que leurs résultats sont beaucoup plus sûrs et plus probants, que ceux des essais privés. Voilà pourquoi il a pris l'habitude d'envoyer, dès le mois de mars, quelques-uns de ses champions de trois ans prendre part au Concours hippique de Nantes, où la Société Hippique Française a coutume d'offrir des prix aux chevaux trotteurs.

Donc, au Concours de Nantes, le 7 mars 1881, l'éleveur d'Alicante, belle pouliche par Marx et Rosine, présenta cette demi-russe. Elle arriva seconde dans l'épreuve dont il s'agissait et gagna 500 francs. Deux de ses compagnes d'écurie suivirent son bon exemple. Litta, par Phaéton et Florence se plaça troisième, et comme telle reçut 400 francs; Rosamonde fut cinquième et glana 300 francs.

Le 11 mars, Litta arriva seconde dans une course sur 4.000 mètres en deux épreuves. Elle gagna 700 francs et une médaille d'argent.

Alicante avait obtenu, elle aussi, une médaille d'argent, et Rosamonde une médaille de bronze.

1.900 francs de prix de courses furent ainsi encaissés, avant que la campagne ne fut ouverte sur les hippodromes. Le principe de M. Lallouet était alors de ne pas négliger les petits bénéfices. Aujourd'hui, il ne cherche plus à ramasser les miettes de la table équestre, et il vise de préférence les principales épreuves, de manière à laisser les moindres à ceux qui commencent petitement comme il a débuté.

C'est ce bon sentiment qui lui a fait vendre à l'Etat un assez grand nombre d'étalons, qu'il aurait eu intérêt à conserver pour lui. Il ne craint pas la concurrence et il veut que le soleil chevalin luise pour tout le monde.

Supposez qu'il eut gardé pour lui Beaumanoir, au lieu de le vendre 70.000 francs à l'Administration des Haras, il ne lui aurait fallu que 140 saillies, à 500 francs l'une, pour toucher les 70.000 francs et avoir toujours son étalon, mais les éleveurs riches auraient seuls pu profiter des saillies de Beaumanoir, tandis que l'Etat les accorde à peu de frais aux éleveurs moins favorisés de la fortune.

C'est donc un service national que M. Lallouet a rendu pour le bien du plus grand nombre, au lieu de recevoir une faveur, comme quelques imbéciles et quelques coteries de jaloux ont essayé de le clamer.

Espérons qu'il lui sera tenu un légitime compte de son bon vouloir envers les petits éleveurs.

Cela dit, venons aux courses de 1881.

Le 9 avril, à Vincennes, dans le prix Conquérant, sur 4.000 mètres, Valencourt, grâce à la monte de M. Lallouet son puissant cavalier, bat Virago d'une tête. Il gagne 1.960 francs.

Le même jour et dans la même course, Vert-Galant III, monté par Biré, arrive quatrième en 1'55" et récolte 75 francs.

Le 29 mai, à Rennes, dans le prix du Gouvernement, sur 3.200 mètres, Valencourt se plaça second et reçut 200 francs. Vert-Galant III fut troisième et gagna 100 francs.

A Rouen, le 29 juin, dans le Troisième Prix

du Gouvernement, sur 3.300 mètres, Valencourt arriva premier et fit toucher 1.570 francs à son excellent cavalier et à son bon maître.

A Toulouse, le 30 juin, dans le Prix de Bazas, sur 3.200 mètres, Vert-Galant III est second en 1'52" et gagne 500 francs.

Dans le Prix de Falgarde, il recourt sur 3.200 mètres, en portant 84 kilos, et il arrive second en 1'50" pour glaner 300 francs.

Les deux fois il fut monté par M. Lallouet.

Au Mans, le 3 juillet, dans le Grand Prix de la Ville du Mans, sur 3.200 mètres, Avenir, poulain de trois ans par Conquérant et Sincerity, monté par M. Lallouet à 84 kilos, arrive troisième et reçoit 100 francs, c'est le cas de dire, pour sa peine.

A la Roche-sur-Yon, le 18 juillet, dans les épreuves d'étalons, sur 4,000 mètres, la course et la lutte furent remarquables. Valencourt, monté à fond par M. Lallouet, fournit ce long parcours en 1'46" et malgré cette vitesse très frappante pour l'époque ne put arriver que second derrière Vengeur.

M. Lallouet ne toucha que 500 francs.

A Gorron (Mayenne), le 31 juillet, dans le Prix du Gouvernement, sur 4.000 mètres, Vert-Galant gagne, mais ne reçoit que 390 francs.

A Saintes, le 1er août, dans le Prix des

Haras, sur 4.000 mètres, Valencourt, monté par M. Lallouet, court en 1'45" et triomphe en battant de loin un bon cheval nommé Vasco.

Le prix était de 1.500 francs.

A Tarbes, le 14 août, dans les épreuves d'étalons, sur 4.000 mètres, Vert-Galant III arrive second et gagne 500 francs.

A Châteaubriant, le 28 août, dans le Prix du Gouvernement, sur 4.000 mètres, Vert Galant arrive second et reçoit 200 francs.

A Saint-Lô, le 28 août, dans le Grand Prix du Gouvernement, sur 4.000 mètres, Valencourt, monté par M. Lallouet, se place second en 1'46" et gagne 800 francs.

A Craon, le 4 septembre, dans le Prix du Gouvernement, sur 4.000 mètres, Valencourt n'est que second et ne fait toucher que 300 francs à son propriétaire, mais il fut très gêné et même coupé plusieurs fois par le cavalier du premier ; sans cela il eut gagné.

Au Pin, le 25 septembre, dans la deuxième course des épreuves d'étalons, sur 4.000 mètres, Valencourt arriva premier en 1'50" et reçut 1.200 francs. Vert-Galant III était second en 1'54" et récolta 800 francs.

Puis, dans la troisième course des épreuves d'étalons, sur 4.000 mètres, Valencourt fut encore premier, en 1'52" et reçut 1.200 francs.

Il avait fourni ces 8,000 mètres coup sur coup. N'était-ce pas plus probant et plus méritoire que les ridicules épreuves de 1.600 mètres en partie liée, qui font pamer les Américains?

A Caen, le 2 octobre, dans le Prix de l'Administration des Haras, sur 4.000 mètres, Valencourt, avec la monte de M. Lallouet, fit le parcours à la vitesse de 1'45", arriva premier et fit encaisser 4.800 francs à son vaillant propriétaire.

Ce fut une bonne fin d'année.

Valencourt avait gagné 18.230 francs et Vert-Galant 3.265 francs.

Dans les concours, M. Lallouet toucha en 1881 la somme de 5.900 francs, pour diverses primes ainsi réparties : 500 francs pour les pouliches, 2.500 francs pour les poulinières, et 2.900 francs dans les concours régionaux.

Le total des sommes gagnées en 1881 fut de 29.395 francs, ce qui fait pour les deux années 1880 et 1881 le gentil total de 64.545 francs.

Les rivaux et les jaloux commencèrent à crier au miracle. Ce n'était pourtant que le prélude de succès beaucoup plus accentués, qui se produisirent dès 1884, l'année de Dancourt.

ANNÉE 1883

Dans les épreuves offertes aux trotteurs par la Société hippique française, au Palais de l'Industrie, à Paris, Ida, belle pouliche par Niger et Elu, montée par M. Lallouet, arrive seconde et gagne 700 francs.

A Vire, le 7 mai, la même Ida, avec la monte de M. Lallouet, triomphe dans le Prix du Premier Pas, sur 2.800 mètres, et récolte 3.340 francs.

A Mortagne, le 14 mai, dans le Prix des Eleveurs, sur 3.000 mètres, Beaulieu par Niger et une fille d'Utrecht, gagne en 1' 54", battant Balsamine à M. Constant Forcinal. Le prix était de 500 francs pour le vainqueur. Balsamine, arrivée seconde, était montée par Rouzé, dit Leblond, l'un des plus fins cavaliers de courses au trot qui aient paru sur les hippodromes. Leblond avait eu en outre le gros avantage de monter à poids léger. Il pesait moins de 60 kilos.

A Vincennes, le 11 juin, dans le Prix de la Société d'Encouragement, sur 3.000 mètres, Ida arriva troisième en 1'51" et gagna 700 francs.

Notons en passant que Valencourt, acheté pas M. Lemonnier, gagna ce jour là le prix de Croix, sur 4.000 mètres, trottant en 1' 45" et battant Virago, Dictateur et Alcala.

M. Jules Lemonnier, créateur du haras de Goustranville, situé près de Dozulé, dans la vallée d'Auge, avait acquis Valencourt pour en faire un étalon dans son établissement, mais il voulut rentrer dans une partie de son prix d'achat et fit gagner à Valencourt, pendant l'année 1883, un assez grand nombre de courses, parmi lesquelles il battit plusieurs fois Virago.

A Rouen, le 25 juin, Ida, montée par M. Lallouet, remporta le Deuxième Prix du Gouvernement, sur 3.200 mètres, et gagna 2.225 francs.

A Flers-de-l'Orne, le 9 juillet, dans le Grand Prix du Gouvernement, sur 3.200 mètres, Ida un peu défraîchie ne put se placer que quatrième en 1' 57" et n'obtint que 100 francs.

Puis, dans le Prix des Fondateurs, sur 3.000 mètres, M. Lallouet fit arriver La Fontaine, belle pouliche par Niger et Trouville, seconde en 1' 55" et toucha 350 francs.

A la Roche-sur-Yon, le 16 juillet, dans l'épreuve des étalons, sur 4.000 mètres, M.

Lallouet, montant Beaulieu, se plaça second en 1' 56" et encaissa 500 francs.

Puis, dans le Prix de la Société d'Encouragement, sur 3.200 mètres, La Fontaine arriva seconde en 1' 49" et gagna 350 francs.

Au Pin, le 30 juillet, dans la deuxième épreuve des pouliches primées, sur 2.000 mètres, La Fontaine arriva première et récolta 1.200 francs.

A Caen, le 8 août, dans le Prix de la Ville, sur 4.000 mètres, La Fontaine fut quatrième et gagna 200 francs.

Dans les concours, M. Lallouet toucha 400 francs pour les pouliches, 1.900 francs pour les poulinières, et 1.800 francs de primes obtenues dans les concours régionaux, en tout 4.100 francs, qui réunis aux 10.330 francs gagnés en courses forment un total de 14.430 francs.

ANNÉE 1884

A Vincennes, le 7 avril, dans le Prix d'Essai, sur 3.000 mètres, Dancourt, superbe cheval noir, par Serpolet et une fille de Condé, monté par Edmond Juhellet, qui venait d'entrer comme jockey chez M. Lallouet, où il devait faire une fortune bien assise, gagna en 1' 42".

Le montant du prix fut de 5.375 francs.

A Vire, le 18 mai, dans le Prix du Premier Pas, sur 2.800 mètres, Dancourt avec son même cavalier fut vainqueur en 1' 43" et récolta 4.000 francs.

A Mortagne, le 2 juin, Dancourt n'arriva que troisième et ne glana que 100 francs, mais, le même jour et sur la même piste, Diogène, dans le Prix des Eleveurs, sur 3.000 mètres, se plaça premier et gagna ainsi pour son maître 1.490 francs.

A Vincennes, le 15 juin, dans le Prix de la Société d'Encouragement, sur 3.000 mètres, Dancourt était en moins bonne condition qu'au début de la saison. Il n'arriva que quatrième, en 1' 53", et ne gagna que 300 francs.

A Rouen, le 29 juin, dans le Derby des Trotteurs, sur 3.200 mètres, Dancourt arriva très bon second et ne fut battu que d'une tête par Duégue, qui ne le valait pas. Il ne gagna que 1.400 francs, au lieu des 15.300 francs qui revinrent à la pouliche victorieuse. Ce fut une malencontreuse longueur de tête.

Au Pin, le 31 juillet, dans la deuxième épreuve des pouliches primées, sur 2.000 mètres, Dora, par Niger et une fille d'Extase, arriva cinquième et obtint un prix de 300 francs.

Dans la même épreuve, une magnifique pouliche, qui devait être plus tard une bonne poulinière, nommée Dwina, arriva seconde et récolta 600 francs.

Cette Dwina, par Serpoletbai et une fille de Kaolin, le recommandable pur sang qui provenait de chez M. le baron de Nexon, c'est-à-dire de la plus ancienne écurie de France, ne gagna pas moins de 9.655 fr. 50 en 1884, ainsi que nous allons le relater.

A Mortagne, elle gagna le prix de Normandie, sur 3.000 mètres, et fit entrer 800 francs dans la caisse de M. Lallouet.

A Saint-Lô, elle arriva seconde dans le Deuxième Prix de la Société d'Encouragement, sur 3.200 mètres, et gagna 200 francs.

A Flers-de-l'Orne, dans le Prix des Fondateurs, sur 3.200 mètres, elle se placa seconde et rapporta 350 francs.

A Falaise, dans le Deuxième Prix du Gouvernement, sur 4.000 mètres, elle conquit la première place, qui fut de 1.475 francs.

Au Pin, dans le Prix de l'Orne, sur 4.000 mètres, elle fut seconde et gagna 500 francs.

A Caen, dans le Prix de la Ville, sur 4.000 mètres, elle arriva bonne première en 1'44". Le prix était de 1.800 francs.

Puis, dans le Saint-Léger du demi-sang, sur 4.000 mètres, elle obtint la troisième place en 1' 43", et gagna 2.180 fr. 50.

A Cabourg, dans le prix les Oaks du demi-sang, sur 4.000 mètres, elle fut seconde et fit encaisser 700 francs.

A Caen, dans le Prix Miss Pierce, sur 4.000 mètres, elle arriva troisième et reçut 250 francs.

A Vincennes, dans la Coupe du demi-sang, sur 4.000 mètres, elle se plaça seconde et rapporta 500 francs à son maître.

Au Concours de Paris, qui avait eu lieu dans le mois de mars, elle était arrivée quatrième et 500 francs lui furent alloués.

Revenons à Dancourt et à ses autres camarades d'écurie, parmi lesquels Cascade se montra la meilleure.

Au Pin, le 28 septembre, dans la première course pour étalons, sur 4.000 mètres, Dancourt arrive troisième et gagne 800 francs.

A Caen, le 2 octobre, dans la deuxième course pour étalons, sur 4.000 mètres, Dancourt arriva premier et reçut 2.000 francs.

A Vincennes, le 5 novembre, Cascade, par Serpolet bai et une fille de Séducteur, arrive troisième en 1'43" et gagne 300 francs.

Cette Cascade gagne dans son année de

1884 la somme de 8.090 francs, ainsi répartie :

Au Neubourg, 1.040 francs pour être arrivée première, sur 3.200 mètres, en 1'43".

A Saint-Lô, 1.000 francs comme première dans le Prix de la Société d'Encouragement, sur 3.200 mètres, en 1'42".

A Amiens, 1.775 francs comme première dans le Prix de la Société, sur 3.200 mètres, en 1'43".

Au Pin, 1.000 francs pour sa première place dans le Prix de la Société d'Encouragement, sur 4.000 mètres, en 1'42".

A Cherbourg, 1.400 francs pour sa victoire dans le Prix du Conseil général de la Manche et de la Société d'Encouragement, sur 4.000 mètres fournis à la vitesse de 1'42" les 1.000 mètres.

A Caen, dans le Prix du Conseil général, sur 4.000, elle n'est que troisième et ne gagne que 300 francs, bien qu'elle eut couru en 1'40" 3/4. Petite Chance était première en 1'38", Cherbourg second en 1'40".

A Cabourg, dans le Prix du Gouvernement, sur 4.000 mètres, elle arriva seconde derrière la future célèbre Capucine et gagna 300 francs.

A Caen, dans le Prix Miss Pierce, sur 4.000 mètres, elle fut première et reçut 1.075 francs.

A Vincennes, dans le Prix de Novembre, sur 4.000 mètres, elle se plaça troisième en 1'43" et gagna 200 francs.

Au Concours hippique de Paris, le 23 mars, Diogène gagne 600 francs et une médaille d'argent ; Dwina obtint une médaille d'argent et 500 francs.

Dans la course d'ensemble au trot monté, le 24 mars, Danaus, par Sobriquet et une fille de Josaphat, arrive quatrième et obtint une médaille d'argent avec 300 francs.

En cette année 1884 les primes obtenues dans les concours donnèrent une somme de 4.600 francs. Les pouliches gagnèrent 1.000 francs, les poulinières 2.100 francs, et dans les concours régionaux l'élevage Lallouet récolta 2.500 francs.

Le chiffre total des bénéfices encaissés s'éleva à 50.166 francs, grâce surtout à Dancourt qui gagna pour sa part 13.875 francs, tandis que Dwina récolta 9.655 fr. 50 et Cascade 8.090 francs.

Faisons remarquer que si les bases de la réussite complète de l'élevage, très bien compris et très bien dirigé par M. Lallouet, reposent sur la haute qualité des deux poulinières Rosière et Glorieuse, les premiers fonds de caisse ont été fournis par cinq chevaux, savoir : Valencourt et Vert Galant III, puis Dancourt, Dwina et Cascade.

Leurs succès fructueux furent le prélude de la marche triomphale que devaient fournir sur les hippodromes les trois célèbres juments, Ellora, Finlande et Gérance, secondées par le bel étalon Elan, au cours des mémorables années 1885, 1886 et 1887, dont nous allons nous occuper dans les chapitres suivants.

ANNÉE 1885

A Vincennes, le 13 avril, dans le Prix Bayadère, sur 3.000 mètres, Ellora, par Phaéton et une fille d'Elu, montée par Juhellet, gagna en 1' 44" les 1.000 mètres et fit encaisser 3.190 francs.

Puis, dans le Prix d'Essai, sur 3.000 mètres, Elan (Juhellet), un superbe poulain, par Serpolet bai et une fille du Condé, arriva premier en 1' 43", et récolta 5.375 francs.

A Vire, le 10 mai, dans le Prix du Premier Pas, sur 2.800 mètres, Ellora (Juhellet) remporta une victoire très facile en 1' 40" et reçut 4.190 francs.

Edimbourg, fort poulai par Serpolet bai et une fille d'Abrantès, monté par M. Lallouet, était troisième en 1' 44". Il glana 250 francs.

A Mortagne, le 25 mai, dans le Prix de Normandie, sur 3.000 mètres, Escapade (Juhellet) arrive première. Le prix était de 800 francs.

Puis, dans le Prix du Merlerault, sur 3.000 mètres, Eglantine, par Serpollet bai et une fille de Gaulois, gagna en 1' 49" et récolta 1.145 francs.

Le 26 mai, sur le même hippodrome de Mortagne, dans le Prix de la Société des Courses, sur 3.000 mètres, Étranger arriva premier en 1' 48" et reçut la très modique somme de 390 francs.

Au Neubourg, le 24 mai, Cascade avait pris une place de seconde et gagné 200 francs.

A Bourigny, le 25 mai, Edimbourg, monté par M. Lallouet, dans le Prix du Gouvernement, sur 3.150 mètres, se plaça premier et gagna 1.835 francs.

A Vincennes, le 21 juin, dans le Prix de la Société d'Encouragement, sur 3.000 mètres, Ellora arriva première en 1' 43" et fit encaisser 5.475 francs.

A Rouen, le 28 juin, dans le Derby des Trotteurs, sur 3.200 mètres, Elan (Juhellet) fut vainqueur en 1' 44" et mérita de faire entrer 16.400 francs chez son éleveur.

Puis, dans le Deuxième Prix du Gouvernement, sur 3.200 mètres, Edimbourg et Ellora prirent les deux premières places. Edimbourg eut droit à 2.000 francs, Ellora à 550 francs.

A Saint-Lô, le 4 juillet, Escapade II gagna le Deuxième Prix de la Société d'Encouragement, sur 3.200 mètres, et courut en 1' 36", mais pour cet exploit de vitesse elle ne reçut que 700 francs. C'était minime.

A Flers-de-l'Orne, le 12 juillet, dans le Grand Prix du Gouvernement, sur 3.200 mètres, Ellora avec son fidèle Juhellet gagna en 1' 42" et reçut 1.910 francs avec une caresse du docteur Yver, le grand et dévoué organisateur des courses de Flers.

Sur le même hippodrome de Flers, le 13 juillet, Escapade II, dans le Prix des Fondateurs, sur 3.000 mètres, gagna au petit trot et glana 900 francs.

A Rennes, le 13 juillet, dans le Derby des Trotteurs de l'Ouest, sur 3.200 mètres, Edimbourg, monté par M. Lallouet et portant 86 kilos, arriva second et gagna 500 francs.

Au Pin, le 3 mai, dans la première épreuve des pouliches primées, sur 2.000 mètres,

Eglantine arriva première et eut droit au prix de 500 francs.

A Falaise, le 19 juillet, dans le deuxième Prix du Gouvernement, sur 4.000 mètres, Ellora (Juhellet) gagna de loin et fit toucher 1.325 fr.

Puis, dans le Grand Prix de Guibray, sur 4.000 mètres, Dancourt ne fut battu que d'une tête par Duégue. Il gagna 800 francs. On avait trotté en 1' 44".

A Avranches, le 26 juillet, dans le Prix de Consolation, sur 2.000 mètres, Eclaireur (Juhellet) arriva premier et gagna *40 francs* avec un objet d'art assez peu précieux. C'était d'un chiche !!!

Le 4 août, à Caen, dans le Saint-Léger du demi-sang, sur 4.000 mètres, Elan arrive premier en 1' 43". Edimbourg, monté par M. Lallouet, était quatrième en 1' 45". Elan reçut 6.730 francs, Edimbourg 1.009 fr. 50.

Au Pin, le 30 juillet, dans la deuxième épreuve des pouliches primées, sur 2.000 mètres, Ellora fut première en 1' 38", Escapade II troisième. L'une toucha 1.200 francs, l'autre 500 francs.

Puis, dans la Poule du Merlerault, sur 4.000 mètres, Édimbourg arriva premier.

Dans le Prix de l'Orne, Escapade est première et reçoit 800 francs.

Dans le Prix du Conseil Général, sur 4.000 mètres, Éclaireur est second et glane 200 francs.

A Cabourg, le 6 août, dans la Poule des Éleveurs, sur 4.000 mètres, Elan (Juhellet) arrive premier; Édimbourg, monté par M. Lallouet, deuxième. 4.075 francs reviennent à Élan, 600 francs à Édimbourg.

Le 7 août, dans les Oaks du demi-sang, sur 4.000 mètres, Ellora arrive facilement première en 1' 43"; Écolière est médiocre seconde en 1' 47". Ellora gagne 5.870 francs.

A Deauville, le 17 août, dans le Prix de Deauville, sur 3.000 mètres, Escapade II est première et reçoit 1.000 francs.

A Tarbes, le 13 août, dans les épreuves d'étalons, sur 4.000 mètres, Dancourt, monté par Juhellet, est battu d'une tête par Dandy et ne touche que 500 francs.

Le 20 septembre, à Alençon, dans le Prix du Conseil Général, sur 3 500 mètres, Ellora est deuxième et touche 200 francs.

Dans le Prix des Promenades, sur 3.500 mètres, Éclaireur est second et reçoit 300 francs.

Dans le Prix de l'Hôtel de Ville, sur 4.000 mètres, Cascade est première et gagne 1.000 francs.

Dans le Prix de la Pyramide, sur 3.500

mètres, Élan arrive premier; Édimbourg, monté par M. Lallouet, est troisième. L'un reçoit 800 francs, l'autre 100 francs.

Au Pin, le 27 septembre, dans la première course d'étalons, sur 4.000 mètres, Élan est premier en 1' 42'' et reçoit 1.600 francs.

Dans la deuxième course d'étalons, sur 4.000 mètres, Dancourt n'est que sixième et ne touche que 400 francs.

Dans la troisième course d'étalons, sur 4.000 mètres, Élan est premier en 1' 43'' et gagne 4.200 francs.

A Caen, le 1er octobre, dans la deuxième course d'étalons, sur 4.000 mètres, Élan arrive premier, Édimbourg troisième.

Sur le même hippodrome de Caen, le 3 octobre, dans le Prix de l'Administration des Haras, sur 4.000 mètres, Dancourt, monté avec une énergie électrique par M. Lallouet, gagna d'une tête, après une lutte acharnée qui dura pendant plus de trois cents mètres. Duc était second, Dandy troisième, Derby quatrième.

Le montant du prix fut de 4.300 francs.

Ce fut la première fois que je vis M. Lallouet, mais dès ce jour je l'appréciai comme homme de cheval et comme excellent cavalier. Il porta littéralement Dancourt au but de victoire, et dans aucune fin de course au galop, même entre Fordham, Tom Cannon ou Archer, je n'ai assisté à une lutte plus émotionnante.

Dans la Poule de Caen, sur 4.000 mètres, Escapade arriva première et gagna 1.100 francs.

Au Concours hippique de Nantes, le 3 mars, Edimbourg, arrivé deuxième dans la course au trot monté, gagna 800 francs et une médaille d'argent.

A Paris, au Palais de l'Industrie, Edimbourg se plaça second, Escapade huitième. Un prix de 1.000 francs fut alloué à Edimbourg avec une médaille d'argent. Escapade reçut 150 francs.

Sur les pistes exiguës de ces concours, les chevaux de la race Lallouet se comportaient avec souplesse et docilité, parce que le grand éleveur avait toujours tenu à les produire dans le meilleur modèle; par conséquent, il ne les a jamais déformés par les courses au trot, comme quelques intrigants ont essayé de le clabauder, en formant une Société, ou plutôt une coterie d'ignorants, de jaloux et de malfaisants.

Les primes qui furent obtenues en 1885

par l'écurie Lallouet formèrent un total de 5.940 francs, savoir : 1,450 francs pour les pouliches, 2.700 francs pour les poulinières et 1.800 francs pour les concours régionaux.

Les sommes gagnées en courses s'élevèrent au chiffre respectable de 94.144 fr. 50 et le total des gains par l'argent public, c'est-à-dire incontestable, fut de 100.094 fr. 50.

Elan avait gagné pour sa part 41.130 francs, Ellora 24.010 francs, Escapade 6.350 francs, Dancourt 6.000 francs.

ANNÉE 1886

Le 12 avril, à Vincennes, dans le Prix Bayadère, sur 3.000 mètres, Finlande, par Phaéton et une fille de Séducteur, arriva très facilement première en 1'45". Le prix se monta à 4.150 francs.

Puis, Ellora n'eut aucune peine à gagner, en 1'42", le Prix Conquérant, sur 4.000 mètres. Elle fit encaisser 1.930 francs.

Au Pin, le 2 mai, dans la première épreuve des pouliches, sur 2.000 mètres, Favorite, par Phaéton et une fille d'Abrantès, arriva troisième et gagna 200 francs.

A Vire, le 16 mai, dans le Prix du Premier

Pas, sur 2.800 mètres, Finlande se plaça première, en 1'42" et récolta 4.040 francs.

A Mortagne, le 23 mai, dans le Prix du Merlerault, sur 3.000 mètres, Fauvette II, par Phaéton et une fille d'Elu, trotta en 1'42" et gagna 1.345 francs, après être arrivée première.

Puis, dans le Prix de Normandie, sur 3.000 mètres, Faustine, par Serpolet et une fille de Kaolin, pur sang, se plaça première et récolta 1.920 francs.

A Evreux, le 29 mai, dans le Prix de l'Elevage, sur 3,000 mètres, Faustine arriva première sans se gêner et glana 840 francs.

A Vincennes, le 13 juin, dans le Prix de la Société d'Encouragement, sur 3.000 mètres, Fauvette II est seconde à une tête de Kalouga et gagne 1.000 francs.

A Bourigny, le 29 juin, dans le Prix du Gouvernement, sur 3.150 mètres, Faustine arrive première sans se presser en 1'44" et gagne 3.991 fr. 65.

A Rouen, le 27 juin, dans le Derby des Trotteurs, sur 3.200 mètres, Finlande est première en 1'40", distançant de plus de soixante mètres, le second qui se nommait Figaro. Elle reçoit 19.550 francs.

Puis Elan se place second en 1'40" et

gagne 500 francs, dans le troisième Prix du Gouvernement, sur 3.200 mètres.

A Flers-de-l'Orne, le 4 juillet, dans le Grand Prix du Gouvernement, sur 3.200 mètres, Finlande arrive bonne première en 1'37" et gagne 2.430 francs.

A La Roche-sur-Yon, le 6 juillet, dans la deuxième épreuve d'étalons, sur 3.200 mètres, Elan est premier en 1'41" et récolte 1.500 francs.

A Vincennes, le 11 juillet, dans le premier Prix Biennal du Demi-Sang, sur 4.000 mètres, Finlande arrive première en 1'38" et reçoit 1.950 francs. Espérance est seconde et glane 200 francs.

Sur le même hippodrome de Vincennes, le 12 juillet, dans le Prix du Taya, sur 4.000 mètres, Ellora gagne en 1'40" et reçoit 1.400 francs.

Puis, dans le Prix Normand, sur 3.200 mètres, Faustine est première en 1'41" et gagne 1.550 francs.

A Falaise, le 18 juillet, dans le Prix du Gouvernement, sur 4.000 mètres, Faustine arrive au premier rang, mais ne gagne que 1.275 francs.

A Redon, le 25 juillet, dans le Prix du Gouvernement, sur 4.000 mètres, Faustine ramasse 700 francs en arrivant la première au but.

Le 29 juillet, au Pin, dans la deuxième épreuve des pouliches primées, sur 2.000 mètres, Finlande est première en 1'38"; et Fauvette II seconde en 1'40", Faustine troisième en 1'41".

Puis, dans la Poule du Merlerault, sur 4.000 mètres, Fontenay II, par Serpolet et Quiclet, est vainqueur en 1'50" et gagne 1.000 francs.

Ensuite, dans le deuxième Prix de la Société d'Encouragement, sur 4.000 mètres, Favorite est troisième et gagne 100 francs.

A Caen, le 3 août, dans le Saint-Léger du Demi-Sang, sur 4,000 mètres, Finlande (74 kilos) arrive bonne première en 1'39" et gagne 6.470 francs.

A Cabourg, le 6 août, dans les Oaks du Demi-Sang, sur 4.000 mètres, Finlande, un peu fatiguée de sa course, ne peut être que seconde et ne gagne que 700 francs.

Puis, dans le Prix du Gouvernement, sur 4.000 mètres, Ellora, après une lutte superbe et prolongée, ne battit Joliette que d'une encolure. Les deux braves juments coururent à une vitesse de 1'39" les 1.000 mètres. Les deux jockeys, Juhellet sur Ellora, et Legall sur Joliette, firent preuve de la plus grande énergie.

A Bernay, le surlendemain 8 août, dans le Prix du Gouvernement, sur 4.000 mètres, nouvelle rencontre d'Ellora et de Joliette, nouveau duel et nouvelle lutte des plus acharnées. Ellora gagna en 1'34'' et Joliette fut très bonne seconde en 1'34" 1/4.

Et tout cela pour 1.000 francs qui revinrent à Ellora et 300 à Joliette.

Puis, dans le Prix du Conseil général et de la Société des Courses de Bernay, sur 4.000 mètres, Fauvette II est première en 1'42" et gagne 1.800 francs.

A Pont-l'Evêque, le 10 août, dans le Grand Prix de Pont-l'Evêque, sur 4.000 mètres, Finlande arrive première en 1'39", Etincelle seconde en 1'46".

Montant du prix : 12.900 francs.

Puis, dans le Prix du Gouvernement, sur 4.000 mètres, Indiscret, fils de Le Veinard, pur sang, et Octavia, se place premier en 1'36"; Duègne, fille de Lavater et Harriet, pur sang, est seconde en 1'37" 1/4, Ellora, troisième en 1'39" 3/4. Ellora ne touche que 200 francs.

Remarquons que les deux premiers étaient fils de pur sang, et Ellora petite-fille d'un pur sang.

A Deauville, en terrain lourd, le 18 août, dans le Prix de la Société d'Encouragement, sur 4.000 mètres, Indiscret est premier en 1'39", Ellora deuxième en 1'40", Duègne troisième en 1'41". Ce fut une splendide course. Ellora gagna 400 francs.

Puis, dans le Prix du Conseil municipal de Trouville, 3.000 mètres, Favorite arrivée troisième récolta 100 francs.

A Mamers, le 22 août, dans le Prix de la Société d'Encouragement, sur 4.000 mètres, Favorite est troisième et glane 100 francs.

Puis, dans le Prix de la Société des courses, sur 3.000 mètres, Fauvette II est première en 1'40" et reçoit 1.000 francs.

A Alençon, le 29 août, dans le Prix des Promenades, sur 3.600 mètres, Fontenay II est second et gagne 300 francs.

Puis, sur 3.600 mètres, Faustine est première en 1'40" et ramasse 250 francs.

Sur la même piste d'Alençon, le 30 août, dans le Prix International, sur 4.500 mètres, Ellora se place première en 1'35", Ecolière seconde en 1'36".

Non placés: Kozyr et Pourquoi Pas.

Montant du prix: 1.500 pour Ellora.

A Mortagne, le 6 septembre, dans le Prix de la Société des Courses, sur 4.000 mètres,

Favorite est seconde en 1'46" et gagne 300 francs.

Le 19 septembre, à Meslay-sur-Maine, dans le Prix du Gouvernement, sur 4.000 mètres, Ellora est première et reçoit 600 francs.

Au Pin, le 26 septembre, dans la troisième course des étalons, sur 4.000 mètres, Elan est second en 1'42" et gagne 1.200 francs.

A Caen, le 3 octobre, dans le Prix de l'Administration des Haras, sur 4.000 mètres, Elan arrive premier en 1'42" et reçoit 4.400 francs.

A Vincennes, le 2 novembre, dans la Coupe du Demi-Sang, sur 4.000 mètres, Faustine est première en 1'41". Il y a un objet d'art pour la gagnante, mais le prix n'est que de 200 francs.

Puis, dans le Prix de Novembre, sur 4.000 mètres, nouvelle lutte entre Ellora et Joliette, Ellora rendant quinze livres *effectives* à Joliette ne peut la battre que d'un cinquième de seconde. Elle gagne 1.950 francs. Le terrain était lourd et les deux vaillantes ne purent trotter qu'en 1'41".

Les primes, dans les concours de 1888, rapportèrent à l'élevage de M. Lallouet la somme de 6.150 francs, répartis de la façon suivante : 1.150 francs pour les pouliches,

4.300 francs pour les poulinières, et 1.700 francs dans les concours régionaux.

Le total des gains de l'année s'éleva à 101.174 fr. 15, dont 94.024 fr. 15 avaient été fournis par les courses.

Finlande	avait gagnée	53.892 fr. 50
Faustine	—	11.226 fr. 65
Ellora	—	10.260 fr.
Elan	—	7.700 fr.
Fauvette II	—	5.745 fr.

ANNÉE 1887

A Vincennes, le 4 avril, dans le Prix Bayadère, sur 3.000 mètres, Gérance, par Phaéton et une fille de Séducteur, arrive seconde en 1' 48" 1/2. Elle n'est battue que de très peu par Grande Dame, fille de Tigris et The Gloaming, pur sang. Cette Grande Dame était une horrible jument et ne marchait que par l'énergie ancestrale de sa mère.

Puis, dans le Prix Conquérant, sur 4.000 mètres, Faustine arrive seconde en 1' 39" derrière le futur étalon Fuschia, et reçoit 700 francs.

A Vire, le 8 mai, Fauvette II est seconde en

1' 40" derrière Fuschia, qui ne la bat que d'une tête. Elle gagne 400 francs.

Puis, dans le Prix du Premier Pas, sur 2.800 mètres, Gérance court en 1' 42" et est battue d'un rien par Golconde. Elle reçoit 900 francs.

A Mortagne, le 22 mai, dans le Prix du Merlerault, sur 3.200 mètres, Glaneuse, par Dictateur et Condé, est troisième en 1' 53", et Galant, par Uriel et Faust, est quatrième en 1' 57". Glaneuse gagne 150 francs et Galant 100 francs.

A Saint-Lô, le 19 juin, dans le Prix du Gouvernement, sur 4.000 mètres, Fauvette II est seconde en 1' 41" derrière Joliette. Elle gagne 800 francs.

Puis, dans le deuxième Prix de la Société d'Encouragement, Gitana arrive première en 1' 43" et gagne 700 francs.

A Rouen, le 26 juin, dans le Derby des Trotteurs, sur 3.200 mètres, Gérance gagne très facilement en 1' 41". Le montant du prix fut de 21.000 francs.

A Flers-de-l'Orne, le 3 juillet, dans le Grand Prix du Gouvernement, sur 3.000 mètres, Gérance arrive première en 1' 41" et gagne 4.575 francs.

A la Roche-sur-Yon, le 5 juillet, dans le

Prix de la Société d'Encouragement, sur 3.200 mètres, Giselle court en 1' 40" et arrive bonne première.

A Vincennes, le 10 juillet, dans le deuxième Prix Biennal du Demi-Sang, sur 4.000 mètres, Gérance n'arrive que seconde en 1' 41" et ne touche que 300 francs.

A Redon, le 24 juillet, dans le Prix du Gouvernement, sur 4.000 mètres, Gitana arrive première et gagne 700 francs.

A Alençon, le 31 juillet, dans le Prix des Promenades, sur 3.600 mètres, Galant est second et reçoit 300 francs.

Puis, dans le Prix de la Pyramide, sur 3.600 mètres, Gitana se place première en 1' 41" et gagne 700 francs.

Le 4 août, au Pin, dans la deuxième épreuve des pouliches primées, sur 2.000 mètres, Gérance est troisième et reçoit 550 francs.

Puis, dans le Prix de l'Orne, sur 4.000 mètres, Gitana est première et gagne 800 francs.

Et dans la Poule du Merlerault, sur 4.000 mètres, Galant arrive second et récolte 350 francs.

A Falaise, le 14 août, dans le premier Prix du Conseil Général, sur 4.000 mètres, Gitana est première et gagne 700 francs.

Dans le deuxième Prix du Conseil Général, sur 4.000 mètres, Galant est second et gagne 300 francs.

A Mamers, le 21 août, dans le Prix de la Société d'Encouragement, sur 3.000 mètres, Galant se place troisième et gagne 100 francs.

Puis, dans le Prix de la Société des Courses, sur 4.000 mètres, Giselle est troisième et reçoit 200 francs.

Et, dans le Prix du Commerce, sur 3.000 mètres, Fauvette II arrive première et récolte 850 francs.

A Deauville, le 24 août, dans le Prix du Conseil Général du Calvados, sur 3.000 mètres, Gitana est première en 1'44" et gagne 700 francs.

Puis, dans le Prix du Conseil Municipal de Trouville, Galant se place premier et reçoit 700 francs.

Le 18 septembre, au Meslay-du-Maine, dans le Prix du Gouvernement, sur 4.000 mètres, Fauvette II, tout en arrivant bonne première, ne reçoit que 600 francs.

Le 25 septembre, dans le Prix du Début, sur 4.000 mètres, Galopin, par Uriel et Kilomètre, est premier, Galant deuxième ; mais il ne revient que 250 francs au premier et 225 francs au second.

A Caen, le 1er octobre, dans le Prix du Record, sur 4.000 mètres, Galant est cinquième et reçoit 600 francs.

Puis, le 2 octobre, dans le Prix de Consolation, sur 4.000 mètres, Galant arrive deuxième et gagne 600 francs.

A Vincennes, le 10 octobre, dans le Prix de Normandie, sur 4.000 mètres, Gitana arrive seconde et fait encaisser 800 francs.

Les primes obtenues dans les concours furent, en 1887, de 1.700 francs pour les pouliches et de 4 100 francs pour les poulinières, dont le nombre et la qualité augmentaient chaque année au haras de Semallé, grâce à la prévoyance de M. Lallouet, qui semait pour récolter, et qui était d'avis de compter beaucoup plus sur la valeur de ses juments reproductrices que sur l'influence aléatoire des étalons.

Ce raisonnement est seul juste et seul rationnel, parce qu'il se trouve conforme aux lois de la nature. En effet, la poulinière garde ses produits pendant onze mois dans son ventre, puis elle les nourrit pendant six mois. Donc elle doit influer davantage sur la qualité et sur le caractère des poulains ou pouliches que l'étalon, dont le contact avec elle n'a duré que peu de temps.

Les gains de courses, en 1887, avaient été de 53.243 fr. 75, qui, joints aux 5.800 francs de primes de concours, formèrent un total de 59.043 fr. 75.

Gérance avait gagné pour sa seule part 28.325 francs, parce qu'elle avait eu la chance de gagner le Derby des Trotteurs.

ANNÉE 1888

Une belle jument, de race aussi affinée que celle des prétendus pur sang anglais, était née dans une région de la Manche. Le fait est assez rare. Elle se nommait Hémine et fut la rêine de l'année 1888, sous les couleurs de M. Alix Courboy.

D'autre part, un amateur très frivole et presque affolé de jalousie en voyant les succès constants de M. Lallouet, s'était per-persuadé qu'à coups d'argent il pourrait le supplanter dans les courses au trot.

Les débuts furent satisfaisants pour cet envieux et cet incompétent qui n'avait ni le réel goût, ni la connaissance des chevaux et qui en eut vite assez. Il gagna le Prix Bayadère avec Oriflamme et le Prix d'Essai avec Othello, mais deux années suffirent pour éteindre ce feu de paille allumé par les plus mauvais sentiments, et l'étoile Lallouet resplendit avec un nouvel éclat dès 1890, pour ne jamais plus avoir d'éclipse.

A Vire, le 29 avril, dans le Prix du Premier Pas, sur 2.800 mètres, Hernani, par Phaéton et Lucain, n'arrive que cinquième et ne touche que 120 francs.

A Vincennes, le 16 mai, dans le Prix des Tourelles, sur 3.000 mètres, Hernani est déjà en progrès. Il arrive second en 1'46" et reçoit 500 francs.

Puis, dans le Prix des Bastions, sur 4.000 mètres, Gérance est troisième et gagne 300 francs.

Au Neubourg, le 20 mai, dans le Prix du Gouvernement, sur 3.200 mètres, Fauvette II se place seconde et fait encaisser 200 francs.

A Toulouse, le 21 mai, dans le Prix de Falgarde, sur 3.200 mètres, Galant, par Uriel et une fille de Faust, arrive premier et gagne 600 francs.

A Saint-Lô, dans le premier Prix de la Société d'Encouragement, sur 3.200 mètres, Galant se place premier et reçoit 1.000 francs. Il bat de peu après une vive lutte une bonne jument nommée Norma.

A Vincennes, le 18 juin, dans le Prix de la

Société d'Encouragement, sur 3.000 mètres, Héliodore, par Un et une fille d'Elu, est troisième et gagne 700 francs.

A Rouen, le 24 juin, dans le premier Prix du Gouvernement, sur 4.800 mètres, Galant arrive second et gagne 550 francs.

Puis, dans le Derby des Trotteurs, sur 3.200 mètres, Hernani se place quatrième et gagne 700 francs.

Et, dans le Prix de la Cité, sur 4.800 mètres, Ellora arrive troisième en 1'41" et récolte 700 francs.

A Flers-de-l'Orne, le 1er juillet, Hernani court en 1'42", mais n'est que quatrième malgré ce marquant progrès et ne glane que 100 francs.

Sur le même hippodrome de Flers, le 2 juillet, dans le Prix de la Société des Courses, sur 3.000 mètres, Hernani arrive bon premier en 1'42" et reçoit 1.000 francs.

A La Roche-sur-Yon, le 2 juillet, dans le Prix de la Société d'Encouragement, sur 3.200 mètres, Hallencourt, par Dictateur et une fille de Niger, se place second et gagne 350 francs.

Puis, dans le seconde épreuve d'étalons, sur 3.200 mètres, Galant est vainqueur en 1'40" et reçoit 1.740 francs.

A Amiens, le 8 juillet, dans le Prix de la Picardie, sur 3.200 mètres, Fauvette II arrive seconde et récolte 400 francs.

A Vincennes, le 8 juillet, dans le Prix Virago, sur 3.200 mètres, Gitana est troisième et ramasse 150 francs.

Puis, dans le troisième Biennal du Demi-Sang, sur 3.200 mètres, Héliodore est quatrième et reçoit 100 francs.

Et, dans le Prix The Heir of Linne, sur 3.000 mètres, Hernani est second et gagne 500 francs.

Sur le même hippodrome de Vincennes, le 9 juillet, dans le Prix Basly, sur 4.000 mètres, Galant est premier et reçoit 1.440 francs.

Puis, dans le deuxième Prix Biennal du Demi-Sang, sur 4.000 mètres, Gérance se place quatrième et glane 125 francs.

Et, dans le Prix Lavater, sur 4.000 mètres, Galant recourt et gagne en battant Norma. Gitana se place troisième. Le prix est de 1.200 francs pour Galant et 100 francs pour Gitana.

En somme, ces deux journées de Vincennes avaient rapporté 3.615 francs à l'élevage Lallouet, et les petits encaissements ne sont pas à dédaigner, dans les années où l'on n'a pas de chevaux de tête.

A Morlaix, le 15 juillet, dans le Prix d'Encouragement, sur 4.000 mètres, Galant arrive premier et gagne 1.650 francs.

A Alençon, le 22 juillet, dans le Prix des Promenades, sur 3.600 mètres, Héliodore est second et reçoit 300 francs.

Dans le Derby d'Alençon, sur 3.200 mètres, Hernani arrive troisième et gagne 680 francs.

Le 23 juillet, sur la même piste d'Alençon, dans le Prix International, sur 4.500 mètres, Ellora est seconde et reçoit 500 francs.

Puis, dans le Prix du Gouvernement, sur 3.600 mètres, Hernani arrive second et ramasse 843 fr. 75.

A Vincennes, le 26 août, dans le Prix de Guibray, sur 4.000 mètres, Gitana se place troisième et gagne 200 francs.

A Mortagne, le 3 septembre, dans le cinquième Prix du Gouvernement, sur 4.000 mètres, Héliodore arrive troisième et glane 100 francs.

Puis, dans le Prix de l'Orne, sur 6.000 mètres, Ellora est troisième et reçoit 200 francs.

A Courseules-sur-Mer, le 9 septembre, dans le Prix du Gouvernement, sur 3.000 mètres, Hernani arrive quatrième et reçoit 50 francs.

A Sées, daus le Prix du Conseil général, sur

4.000 mètres, Harmonie, par Beaugé et Candé, est seconde et gagne 250 francs.

A Mondoubleau, le 16 septembre, dans le Prix des Chemins de Fer de l'Etat et de la Ville de Mondoubleau, sur 5.250 mètres, Ellora arrive première en 1' 39" et reçoit 800 francs.

Au Pin, le 23 septembre, dans le Prix de la Bergerie, sur 4.000 mètres, Harmonie est seconde et gagne 350 francs.

Puis, dans le Prix de la Société d'Encouragemnt, sur 4.000 mètres, Gitana arrive seconde et récolte 300 francs.

Et, dans l'International, sur 4.000 mètres, Galant se place second et gagne 1.200 francs. Il n'est battu que d'une tête par Hautmesnil, un fils de Phaéton, monté par Ferdinand Dufour.

A Caen, le 30 septembre, dans le Prix Miss Pierce, sur 4.000 mètres, Gitana est troisième et gagne 250 francs.

Puis, dans le Prix de l'Administration des Haras, Galant se place troisième et reçoit 1.000 francs.

A Vincennes, le 8 octobre, dans le Prix du Bois, sur 6.000 mètres, Ellora est quatrième et ramasse 125 francs.

Puis, dans le Prix de la Pelouse, sur 4.000

mètres, Gitana arrive quatrième et glane 75 francs.

Dans les concours, les pouliches primées reçurent 600 francs en 1888, et les poulinières 5.100 francs. En outre, les concours régionaux firent encaisser 6.600 francs.

Les gains de courses, récoltés très sagement un peu partout par petites quantités, formèrent un total de 38.633 fr. 25, et la somme globale des bénéfices s'éleva à 50.043 fr. 25.

ANNÉE 1889

A Vincennes, le 1er avril, dans le Prix Bayadère, sur 3.000 mètres, Irlande, par Cherbourg et une fille de Vicomte, arrive quatrième et glane 50 francs.

Au Pin, le 5 mai, dans l'épreuve des pouliches primées, Irlande est seconde et reçoit 300 francs.

A Alençon, le 22 juillet, Irlande se place seconde et gagne 150 francs, dans le Prix de Consolation, sur 3.600 mètres.

A Caen, le 7 août, Hallencourt, par Dictateur et une fille de Niger, arrive troisième et gagne 150 francs, dans le Prix de Cabourg, sur 4.100 mètres.

Puis, dans le Prix de Caen, sur 4.100 mètres, Irlande se place troisième pour recevoir 150 francs.

A Mamers, le 18 août, dans le Prix du Conseil général, sur 4.000 mètres, Iséria, par Cicéron II et une fille de Serpolet-Bai, arrive première et gagne 700 francs.

A Sées, le 6 octobre, dans le Prix du Conseil général, sur 4.000 mètres, Irlande se place troisième et récolte 150 francs.

Puis Hallancourt arrive premier et reçoit 700 francs, dans le Prix du Conseil Municipal, sur 4.000 mètres.

Et Harmonie est seconde dans le Prix de Consolation, sur 4.000 mètres. Elle ramasse 100 francs.

La récolte des prix de courses fut bien maigre en 1889, mais M. Lallouet eut la satisfaction de voir qu'Impétueuse, la meilleure pouliche de l'année et l'une des meilleures qui aient paru parmi les trotteurs améliorés, était fille de Valencourt, le bel étalon, qui mit ainsi en relief les produits du haras de Semallé.

En outre, les éclatants succès obtenus, à l'Exposition de 1889, par les nombreux lauréats chevalins qui avaient pris naissance sur les herbages de La Fontaine, constituèrent un important dédommagement, qui atteignit le chiffre de 10.600 francs.

D'autre part, les concours du département de l'Orne avaient produit 1.900 francs pour les pouliches et 4.900 francs pour les poulinières.

Ce fut donc une somme totale de 17.400 francs que la maison Lallouet encaissa par les concours en 1889. L'importance de ces magnifiques résultats ne doit pas nous échapper. Ils furent la préparation et le germe des grands bénéfices réalisés dès l'année 1890, bénéfices qui ne devaient faire que s'accroître à chaque saison nouvelle, grâce à la sélection des poulinières hors de pair que M. Lallouet s'était appliqué à réunir chez lui.

A chacun suivant ses œuvres. Les succès qui proviennent de l'intelligence et du travail, au lieu d'être acquis par la force de l'argent, méritent d'être salués comme le plus bienfaisant des exemples.

ANNÉE 1890

A Neuilly, le 4 avril, dans le Prix du Début, sur 3.000 mètres, Jolibois, par Cherbourg et une fille du Niger, arrive troisième en 1'44" et gagne 436 fr. 25. Il était monté par Legall, bon jockey que M. Lallouet avait pris chez lui, peut-être en souvenir des mémorables luttes qu'il avait soutenues contre Ellora, en montant la très laide mais très vaillante jument nommée Joliette, sans doute par antiphrase.

A Vincennes, le 21 avril, dans le Prix d'Hennebont, sur 3.000 mètres, Jolibois se place second et reçoit 1.000 francs.

Au Pin, le 30 avril, dans l'épreuve des pouliches primées, sur 2.000 mètres, Jouvencelle, par Cherbourg et une fille de Séducteur, arrive première et gagne 500 francs.

A Mortagne, le 15 mai, dans le Prix d'Essai, sur 3.200 mètres, Java, par Phaéton et une fille de Serpolet Bai, court en 1'44" et n'est que second derrière James Watt, qui était un bon cheval de courses et fut ensuite un bon étalon.

Puis, dans le Prix du Merlerault, sur 3.000 mètres, Juvigny, superbe cheval noir, par Cherbourg et une fille de Niger, arrive premier et gagne 1.250 francs.

Le 25 mai, à Neuilly, dans le Derby de Paris, sur 3.000 mètres, Jolibois prend la seconde place derrière un bon cheval nommé Qui-Vive; Java se place cinquième. Jolibois gagne 2.400 francs, Java 500 francs.

Le 25 juin, à Neuilly, dans le Prix de l'Orne, sur 3.000 mètres, Jonquille II, par Etudiant et une fille de Phaéton, est première et gagne 1.540 francs.

A Rouen, le 29 juin, dans le Derby des Trotteurs, sur 3.200 mètres, Juvigny est cinquième est ramasse 300 francs.

A Vincennes, le 3 juillet, dans le cinquième Biennal du Demi-Sang, sur 3.200 mètres, Jolibois arrive bon second et est battu de très peu par Qui-Vive. Il reçoit 300 francs.

Puis, dans le Prix The heir of Linne, sur 3.000 mètres, Jaseuse III, par Beaugé et une fille de Gaulois, est seconde et gagne 700 francs.

A Neuilly, le 5 juillet, dans le Prix de Veulettes, sur 3.000 mètres, Juvigny est troisième et gagne 200 francs.

A Flers-de-l'Orne, le 6 juillet, dans le Grand Prix du Gouvernement, sur 3.000 mètres, Jolibois arrive second derrière James Watt et reçoit 600 francs.

Puis, dans le Prix de la Société d'Encouragement, sur 4.000 mètres, Isaura est troisième et touche 100 francs.

Sur la même piste de Flers, le 7 juillet, dans le Prix des Fondateurs, sur 3.000 mètres, Jaseuse III arrive première et reçoit 900 francs.

Le 13 juillet, au Sap, dans le Prix du Parc Saint-Laurent, sur 3.200 mètres, Ita-Est est deuxième et glane 150 francs.

A Vincennes, le 15 juillet, dans le quatrième Biennal du Demi-Sang, sur 4.000 mètres, Isaura arrive seconde et touche 500 francs.

A Alençon, le 20 juillet, dans le Prix des Promenades, sur 3.600 mètres, Jolibois est vainqueur et gagne 700 francs.

Puis, dans le Prix de la Pyramide, sur 3.600 mètres, Jonquille II se place troisième et ramasse 200 francs.

Dans le Prix de la Société d'Encouragement, sur 4.000 mètres, Isaura est seconde et touche 600 francs.

Et, dans le Derby d'Alençon, sur 3.200 mètres, Juvigny arrive second, tout près de Jaguar. Il gagne 1.706 fr. 25.

Le 21 juillet, toujours à Alençon, dans le Prix du Gouvernement, sur 3.600 mètres, Jaguar est encore premier, mais de très peu. Juvigny, second, reçoit 450 francs et Jolibois, troisième, 300 francs.

Puis, dans le Prix de Consolation, sur 3.600 mètres, Iseria est seconde et reçoit 150 francs.

A Cherbourg, le 27 juillet, dans le Prix du

Conseil général, sur 4.000 mètres, Isaura gagne et récolte 1.400 francs.

Puis, dans la Poule d'Essai, sur 3.000 mètres, Juvigny court en 1'41" et gagne de loin. Le montant du prix est de 5.237 fr. 50.

Au Mans, le 28 juillet, dans le Prix de la Ville du Mans, sur 4.000 mètres, Ita-Est arrive troisième et reçoit 100 francs.

Au Pin, le 31 juillet, dans la deuxième épreuve des pouliches primées, sur 2.000 mètres, Jonquille II, arrivée quatrième, gagne 350 francs.

Puis, dans la Poule du Merlerault, sur 4.000 mètres, Joinville II reçoit 100 francs pour sa place de troisième.

Et, dans le Prix du Gouvernement, sur 4.000 mètres, Isaura gagne et fait encaisser 1.920 francs.

A Caen, le 5 août, dans le Prix de la Ville de Caen, sur 4.000 mètres, Jonquille II, arrivée quatrième, glane 100 francs.

Dans le Saint-Léger du Demi-Sang, sur 4.000 mètres, Jolibois, bon second, ne touche que 600 francs.

A Neuilly, le 10 août, dans le Prix du Fort-de-France, sur 3.500 mètres, Jolibois arrive premier en 1'40" et Juvigny troisième en 1'41". L'un gagne 1.730 francs, l'autre 600 fr.

Le 14 août, à Pont-Lévêque, dans le Grand-Prix, sur 4.000 mètres, Jolibois n'est battu que d'une tête par Jachère. Il court en 1'39 et gagne 2.740 francs.

A Bagnoles-de-l'Orne, le 15 août, dans le Prix du Conseil général, sur 4.000 mètres, Jaseuse III est première et reçoit 1.000 francs.

Puis, dans le Prix de la Société d'Encouragement, sur 3.500 mètres, Jaseuse III recourt et se place seconde, pour gagner 500 francs.

A Granville, le 17 août, dans le Prix du Gouvernement, sur 4.000 mètres, Isaura, arrivée première, récolte 1.000 francs.

A Mamers, le 17 août, dans le Prix du Commerce, sur 4.000 mètres, Ita-Est se place seconde et gagne 200 francs.

Puis, dans le Prix de la Ville de Mamers, sur 3.000 mètres, Joinville II arrive deuxième et glane 150 francs.

A Deauville, le 20 août, dans le Prix du Conseil général, sur 3.000 mètres, Jaseuse III gagne et reçoit 1.165 francs.

Puis, dans le Prix de la Société d'Encouragemeni, sur 4.000 mètres, Isaura, arrivée troisième, glane 200 francs.

A Vincennes, le 24 août, dans le Prix de l'Orne, sur 3.000 mètres, Ita-Est n'arrive que quatrième et ne décroche que 90 francs.

Mais, dans le Prix de la Manche, sur 4.000 mètres, Jolibois est vainqueur et gagne 1.625 francs.

Au Merlerault, le 31 août, dans le Prix du Merlerault, sur 4.000 mètres, Jaseuse III arrivée première reçoit 700 francs.

A Sées, le 7 septembre, dans le Prix du Conseil Général, sur 4.000 mètres, Ita-Est gagne et recolte 600 francs.

A Mortagne, le 14 septembre, dans le Prix de la Société d'Encouragement, sur 4.000 mètres, Isaura est première en 1'39" et gagne 700 francs.

Au Pin, le 21 septèmbre, dans le Prix des Jouteurs, sur 4.000 mètres, Jolibois se plaça sixième et reçut 600 francs.

Puis, dans le Prix du Début, sur 4.000 mètres, Jétomir, par Edimbourg et une fille de Phaéton, se plaça second, mais ne reçut que 225 francs. Jouffroy, par Edimbourg et Taconnet, arriva cinquième poür glaner 160 francs.

Dans le Prix des Vétérans, sur 4.000 mètres, Ita-Est, second, reçut 150 francs.

Dans le Prix de la Bergerie, sur 4.000 mètres, Jouffroy, arrivé troisième, eut droit à 150 francs.

Dans le Prix de la Société d'Encouragement, sur 4.000 mètres, Isaura gagna et reçut 1.000 francs.

Dans le Prix International, sur 4.000 mètres, Juvigny, arrivé second, fit encaisser 1.200 francs.

Remarquons que, dans cette séance, sur le gouvernemental hippodrome du Pin, cinq des chevaux gagnants avaient fourni un parcours de 4.000 mètres chacun, soit 20 kilomètres entre eux cinq, et pour ce faire ils ne reçurent en tout que 1.360 francs.

Ces récompenses, au kilomètre parcouru à grande allure trotteuse, étaient vraiment par trop minimes.

A Caen, le 25 septembre, dans le Prix du Record, sur 4.000 mètres, Juvigny arrivé premier reçoit 1.500 francs ; Jolibois sixième a droit à 500 francs.

Le 28 septembre, sur le même hippodrome de Caen, dans le Prix Miss Pierce, sur 4,000 mètres, Isaura est première et gagne 1.100 fr.

Puis, dans le Prix de l'Administration des Haras, sur 4.000 mètres, Juvigny arrive premier en 1'40" et Jolibois quatrième en 1'43" ; Juvigny touche 4.200 francs et Jolibois 500 francs.

A Neuilly, le 1er octobre, dans le Prix de

la Loire, sur 3.000 mètres, Jétomir est premier et gagne 1.620 francs.

A Vincennes, le 6 octobre, dans le Prix de la Pelouse, sur 4.000 mètres, Isaura est troisième et récolte 250 francs.

Puis, dans le Prix de Normandie, sur 4.000 mètres, Jaseuse III se place quatrième et évite de laisser traîner 200 francs.

A Neuilly, dans le Prix du Port, sur 4.000 mètres, le 9 octobre, Isaura, qui rendait 75 mètres à ses adversaires, arrive très bonne troisième en 1'40" et gagne 300 francs.

Les primes, obtenues dans les concours en 1890, atteignirent le chiffre de 13.200 francs, ainsi répartis : 1.600 francs pour les pouliches, 5.600 francs pour les poulinières et 6.000 francs dans les concours régionaux.

Les prix remportés en courses formèrent un total de 60.810 francs.

Les bénéfices encaissés par Mme Lallouet, la fidèle gardienne du trésor de l'élevage, furent donc de 74.010 francs.

ANNÉE 1891

Nous voici arrivés à la période des grands succès de l'élevage Lallouet. Nous ne mentionnerons plus les petits gains récoltés par les troisièmes places, excepté dans les prix les plus importants, que la grande écurie va se contenter de viser. Ces gains d'ordre minime figureront simplement dans l'addition des sommes totales de fin d'année.

La fantaisie soudaine, dont s'était enflammé un hystérique de jalousie contre M. Lallouet, n'était qu'un feu d'artifice. Malgré des succès obtenus pendant trois ans sur les hippodromes, le goût de l'élevage des trotteurs passa vite chez le maniaque malfaisant. Il abandonna la partie et le jockey Juhellet, l'élève de M. Lallouet, qui lui avait été enlevé à coups d'argent par le riche envieux, se hâta de rentrer au haras de Semallé, sitôt qu'il fut libre d'y revenir.

C'était un aide dévoué qui rentrait au bercail, très heureux de retrouver son maître, auquel son cœur était demeuré fidèle, et heureux aussi d'avoir de bons et fructueux chevaux à monter dans les courses.

A Vincennes, le 1er avril, dans le Prix Bayadère, sur 3.000 mètres, Kœcy, monté par Emile, arriva première et gagna 4.200 francs.

Kœcy était une belle pouliche par Beaugé et une fille de Quiclet.

Le 20 avril, à Vincennes, dans le Prix d'Hennebont, sur 3.000 mètres, Kœcy arriva troisième et gagna 400 francs.

A Vire, le 26 avril, Kœcy, montée par Juhellet, arrive très bonne seconde et touche 900 francs.

Au Pin, le 1er mai, dans l'épreuve des pouliches primées, sur 2.000 mètres, Kœcy est seconde et gagne 700 francs ; Kermesse, par Edimbourg et Quiclet, arrive cinquième et reçoit 400 francs.

A Mortagne, le 7 mai, dans le Prix de Normandie, sur 3.000 mètres, Koleah, par Elan et Phaéton, arrive second et touche 200 francs.

Puis, dans le Prix du Merlerault, sur 3.000 mètres, Kermann, par Elan et une fille de Phaéton, est vainqueur et récolte 1.510 francs.

A Nonant-le-Pin, le 14 juin, Koleah arrive premier et gagne 1.150 francs, dans le Prix du Gouvernement, sur 3.200 mètres.

Puis, dans le Prix du Conseil général, sur

3.000 mètres, Janina est première et reçoit 650 francs.

A Rouen, le 28 juin, dans le Derby des Trotteurs, sur 3.200 mètres, Koleah, bien monté par Juhellet, est vainqueur et fait encaisser 21.050 francs.

Sur la même piste de Rouen, le 29 juin, Kœcy bat Néva d'une encolure et gagne 2.250 francs.

A Flers-de-l'Orne, le 6 juillet, dans le Prix des Fondateurs, sur 3.000 mètres, Kadéja est seconde et gagne 400 francs.

A Vincennes, le 15 juillet, dans le cinquième Biennal du Demi-Sang, sur 4.000 mètres, Java est deuxième et reçoit 500 francs.

Puis, dans le Prix des Tilleuls, sur 4.000 mètres, Kadéja arrive première et fait encaisser 1.760 francs.

A Alençon, le 26 juillet, dans le Prix des Promenades, sur 3.600 mètres, Kachemir, par Phaéton et Normand, arrive premier et gagne 700 francs.

Puis, dans le premier Prix du Gouvernement, sur 4.000 mètres, Klora, par Cherbourg et Uriel, est deuxième et reçoit 200 francs.

Sur le même hippodrome d'Alençon, le 29 juillet, dans le Prix de Consolation, sur

3.600 mètres, Java est vainqueur et récolte 380 francs.

Au Merlerault, le 2 août, dans le Prix du Conseil général, sur 3.500 mètres, Klora gagne mais ne reçoit que 650 francs.

Puis, dans le Prix Pourquoi Pas, Kachemir arrive premier et gagne 800 francs.

A Caen, le 4 août, dans le Prix du Gouvernent, sur 4.000 mètres, Ita-Est gagne aisément et reçoit 1.800 francs.

Dans le Saint-Léger du Demi-Sang, sur 4.000 mètres, Kachemir est troisième et gagne 2.548 francs.

A Cabourg, le 6 août, dans la Poule des Eleveurs, sur 4.000 mètres, Kachemir arrive second et reçoit 600 francs.

Le 9 août, à Bernay, dans le Prix de la Société d'Encouragement, sur 3.600 mètres, Java est premier en 1'41" et gagne 200 francs.

Puis, dans le Prix de la Société des Courses de Bernay, sur 3.600 mètres, Kachemir est vainqueur en 1'41" et reçoit 1.175 francs.

A Pont-l'Evêque, le 10 août, dans le Grand Prix, sur 4.000 mètres, Kachemir, un peu fatigué (on le serait à moins) de sa course de la veille et de ses autres luttes récentes, ne court qu'en 1'44" et n'arrive que second derrière Kalmia. Il touche 3.000 francs.

A la Ferté-Macé, le 15 et le 16 août, Kellerman récolte 650 francs en deux places de second ; Java, une miette de troisième prix et 150 francs, et un Premier Prix de Consolation avec 650 francs.

A Mamers, le 23 août, dans le Prix du Conseil Général, sur 4.000 mètres, Kent, par Cherbourg et une fille de Séducteur, arrive premier et gagne 600 francs.

Puis, dans le Prix de la Société d'Encouragement, sur 4.000 mètres, Klora gagne et reçoit 1.130 francs.

A Livarot, le 30 août, dans le Prix de Livarot, sur 3.300 mètres, Janina, par Dictateur et une fille de Niger, est première et gagne 600 francs.

Puis, dans le Prix du Conseil Général, sur 3.300 mètres, Kermann remporte un premier prix de 700 francs.

A Neuilly, le 12 septembre, dans le Prix de la Gironde, sur 4.000 mètres, Jaseuse III arrive première et gagne 1.440 francs.

Au Pin, le 27 septembre, dans le Prix des Jouteurs, pour étalons montés, sur 4.000 mètres, Kachemir est quatrième et reçoit 1.000 fr.

A Caen, le 1er octobre, dans le Prix du Record, sur 4.000 mètres, Kachemir arrive bon premier et fait une récolte de 1.500 francs.

En 1891, au Concours départemental, les pouliches reçoivent 2.150 francs de primes et les poulinières 5.400 francs. Les Concours régionaux produisent 1.400 francs.

Le total des sommes gagnées en cette année, dans les prix des courses, s'élève à 67.273 francs, qui, joints aux 8.950 francs de primes, arrivent au chiffre de 76,223 francs.

ANNÉE 1892

A Vincennes, le 1er avril, dans le Prix Bayadère, sur 3.000 mètres, La Force, par Cherbourg et Dwina, est seconde et récolte 900 francs.

A Maisons-Laffitte, le 4 avril, dans le Prix de Maisons, sur 3.000 mètres, La Force arrive seconde et reçoit 1.000 francs.

A Mortagne, le 18 avril, dans le Prix de Normandie, sur 3.000 mètres, Laurentia, par Cherbourg et Ida, arrive première et touche 2.070 francs.

Au Pin, le 29 avril, dans l'épreuve des pouliches primées, sur 2.000 mètres, Laurentia se place première; La Force, seconde; Levantine, troisième; Lagrasse, huitième.

La récolte est de 1.200 francs pour Laurentia, de 700 francs pour La Force, de 600 francs pour Levantine et de 100 francs pour Lagrasse.

A Vire, le 15 mai, dans le Prix du Premier Pas, sur 2.800 mètres, Laurentia est troisième et gagne 500 francs.

A Neuilly, le 29 juin, dans le Prix des Jouvencelles, sur 3.200 mètres, Lais, par Edimbourg et une fille de Phaéton, arrive première et gagne 5.000 francs.

A Flers-de-l'Orne, le 3 juillet, dans le Prix de la Société des Courses, sur 3.500 mètres, Lais est seconde et reçoit 200 francs.

Puis, dans le Prix du Gouvernement, sur 3.000 mètres, La Fresnaye se place seconde et récolte 600 francs.

Sur la même piste de Flers, le 4 juillet, dans le Prix des Fondateurs, sur 3.500 mètres, Lais arrive première et La Fresnaye troisième. L'une gagne 1.000 francs, l'autre 150 francs.

A Vincennes, le 11 juillet, dans le Prix de Pompadour, sur 4.000 mètres, La Fresnaye est deuxième et gagne 500 francs.

A Maisons-Laffitte, le 18 juillet, La Force et La Fresnaye font une petite récolte de 1.050 francs, en prenant les places de troisième et de quatrième.

A Alençon, les 24 et 25 juillet, les victoires sont nombreuses mais peu lucratives.

Dans le Prix de la Pyramide, sur 3.600 mètres, Levantine arrive première et touche 1.100 francs.

Java gagne le Prix de l'Orne, sur 3.600 mètres, et reçoit 840 francs.

Dans le Derby d'Alençon, sur 3.200 mètres, La Force arrive seconde en 1' 38", derrière la célèbre Léda et devant la presque aussi célèbre Ergoline. Cette seconde place rapporte 1.887 fr. 50.

Dans le Prix du Conseil général, sur 3.000 mètres, La Fresnaye, arrivée première, touche 1.020 francs.

Dans le Prix de Consolation, sur 3.000 mètres, Ita-Est gagne et Kœcy est deuxième. Il y a 390 francs pour la première place et 150 francs pour la seconde.

A Caen, le 9 août, dans le Prix de la Société d'Encouragement, sur 6.000 mètres, Kœcy arrive seconde en 1' 41" et n'est battue que d'une courte encolure par Kalmia.

Cette seconde place rapporte 1.250 francs.

Dans le Saint-Léger du Demi-Sang, sur 4.000 mètres, La Force se place troisième en 1' 41", derrière Léda et L'Estafette. Elle touche 2.292 fr. 50.

Le 10 août, toujours à Caen, dans le Prix Normand, sur 3.200 mètres, Lais arrive première et reçoit 1.730 francs.

A Cabourg, dans les Oaks du Demi-Sang, le 12 août, sur 4.000 mètres, La Force est seconde derrière Léda et touche 700 francs.

Puis, dans le Prix du Gouvernement, sur 4.000 mètres, Kœcy gagne et reçoit 1.400 fr.

Et, dans le Prix du Cercle du Casino, sur 4.000 mètres, Kœcy recourt en rendant pas mal de distance à ses divers concurrents. Elle arrive seconde et gagne 510 francs.

A Deauville, le 24 août, dans le Prix du Conseil général, sur 3.000 mètres, La Fresnaye est seconde et touche 540 francs.

A Neuilly, le 25 août, dans le Prix de la Nièvre, sur 3.200 mètres, La Force gagne et le prix est de 1.100 francs.

A Vincennes, le 28 août, dans le Prix de la Manche, sur 4.000 mètres, La Force arrive seconde et récolte 650 francs.

Puis, dans le Grand Prix de Quatre-Ans, sur 4.000 mètres, Kœcy est seconde et gagne 800 francs.

A Neuilly, le 17 septembre, dans le Prix de Picardie, sur 4.200 mètres, Kœcy gagne en 1'39". Le montant du prix n'était que de 1.440 francs pour le vainqueur.

Puis, dans le Prix du Poïtou, sur 4,200 mètres, Ita Est est deuxième et gagne 500 francs.

A Caen, le 2 octobre, dans le Prix de Consolation, sur 4.000 mètres, La Fresnaye arrive première et reçoit 1.670 francs.

A Neuilly, le 11 octobre, sur 4.000 mètres, La Force est seconde en 1'40", derrière Ergoline, et ne gagne que 500 francs.

En 1892, le montant des primes, obtenues dans les concours du département de l'Orne, ou dans les régionaux, fut de 16.400 francs, savoir : 4.700 pour les pouliches, 6.200 francs pour les poulinières, et 5.500 francs dans les assemblées régionales.

Les prix gagnés en courses produisirent 45.200 francs, qui, joints aux 16.400 francs des primes, forment la somme totale de 61.600 francs.

La progression, constante et bien graduée des primes accordées aux poulinières du grand élevage Lallouet dans les divers concours, avait si bien préparé l'ère des plus importants succès en courses, qu'à partir de 1893, ils se produisirent par la force du travail commencé au haras de Semallé en 1879.

Un tel travail est à la portée de tous les fermiers normands, qui veulent se bien occuper. C'est là son plus haut mérite et l'exemple est à citer.

ANNÉE 1893

Ce fut la période des grands succès de Messagère qui gagna, en 1893, la forte somme de 98.627 fr. 50.

En février et mars, il y avait eu cinq réunions de courses au trot sur l'hippodrome de Neuilly-Levallois, mais M. Lallouet n'y avait envoyé aucun de ses chevaux. Il n'ouvrit le feu qu'à Vincennes, le 1er avril ; ce jour-là, dans le Prix Bayadère, sur 3.000 mètres, ses couleurs brillèrent aux deux premières places. Messagère, par Fuschia et une fille de Phaéton, fut première en 1'42", et Monita, par Cicéron II et une fille de Phaéton, se plaça seconde en 1'42" 1/5.

Le montant du prix fut, pour Messagère, de 3.550 francs ; Monita obtint 900 francs.

A Maisons-Laffitte, le 8 avril, Messagère fut battue de peu par Mandarine II, dans le Prix de Maisons, sur 3.000 mètres, et ne reçut que 1.000 francs.

A Neuilly, le 19 avril, dans le Prix des Gazelles, sur 3.200 mètres, Monita arriva seconde et eut droit à 500 francs.

A Mortagne, le 23 avril, dans le Prix d'Essai, sur 3.000 mètres, Marengo, par Fuschia et Faustine, est troisième et reçoit 200 francs.

Puis, dans le Prix de Normandie, sur 3.000 mètres, Mandarine, par Cicéron II et une fille de Serpolet Bai, est seconde et cueille 200 francs.

Au Pin, le 28 avril, dans l'épreuve des pouliches primées, sur 2.000 mètres, Mandarine est deuxième, Monita cinquième, Mirliflore huitième. Elles reçoivent 1.200 francs à elles trois.

A Vire, le 30 avril, dans le Prix du Premier Pas, sur 2.800 mètres, Messagère, bien qu'ayant couru en 1'38", n'est que quatrième et glane 250 francs.

A Vincennes, le 6 mai, Messagère (1'38"), dans le Prix d'Hennebont, sur 3.000 mètres, est première et palpe 2.150 francs.

A Rouen, le 14 mai, dans le Prix du Gouvernement, sur 3.200 mètres, Messagère est première en 1'38" et gagne 1.700 francs.

A Nonant-le-Pin, le 28 mai, dans le Prix du Gouvernement, sur 3.200 mètres, Marengo arrive premier et récolte 1.030 francs.

Puis, dans le Prix de Nonant-le-Pin, sur 3.200 mètres, Monita est seconde et Mandarine troisième. L'une reçoit 1.147 fr. 50, l'autre 300 francs.

A Saint-Lô, le 5 juin, dans le Prix de la Société d'Encouragement, sur 3.200 mètres, Monita se place seconde et gagne 400 francs.

Puis, dans le Prix de la Société des Steeple-Chases de France, sur 3.000 mètres, Messagère gagne sans se presser et touche 3.170 francs.

A Vincennes, le 13 juin, dans le Prix de la Société d'Encouragement, sur 3.000 mètres, Messagère court en 1'38", mais est battue par Mars, fils de Fuschia et Albrant. Elle reçoit 1.000 francs.

Mars était un bon cheval et son propriétaire, M. Gauvreau, le montait bien.

A Neuilly, le 14 juin, dans le Prix de Kaboul, sur 3.200 mètres, Monita arrive première en 1'35"; Mandarine seconde en 1'39". Elles gagnent, la première 1.420 francs, la seconde 500 francs.

A Rouen, le 25 juin, dans le Derby des Trotteurs, sur 3.200 mètres, Messagère est bonne première en 1' 36" et touche 25.650 francs.

A Flers-de-l'Orne, le 2 juillet, dans le Prix de la Société des Courses, sur 3.500 mètres, Messagère arrive très facilement première et gagne 4.950 francs.

A Vincennes, le 8 juillet, dans le Prix des Tilleuls, sur 3.000 mètres, Mandarine gagne et reçoit 1.930 francs.

Puis, à Vincennes, le 10 juillet, dans le Prix du Pin, sur 4.000 mètres, Messagère est première en 1' 39" et touche 1.810 francs.

Au Mans, le 16 juillet, dans le Prix du Gouvernement, sur 3.200 mètres, Messagère arrive première, Mandarine seconde, pour gagner l'une 800 francs, l'autre 200 francs.

M. Fernand Lallouet, alors âgé de seize ans et encore au collège d'Alençon en qualité d'externe, gagna là sa première course, qui fut l'aurore des brillants succès qu'il devait remporter dans les courses au trot, à partir de sa vingtième année, ainsi que nous le verrons au cours de cette fidèle étude historique.

Au Merlerault, le 16 juillet, dans le Prix du Conseil général et des Fondateurs, sur 3.500 mètres, Mirliflore, par Cherbourg et Rosière, gagne et reçoit 650 francs.

A Alençon, le 23 juillet, dans le Prix de la Pyramide, sur 3.600 mètres, Mandarine arrive première en 1' 39" et gagne 940 francs.

Dans le Derby d'Alençon, sur 3.200 mètres, Messagère court en 1'35" et reçoit 4.350 francs comme gagnante.

Puis, le 24 juillet, à Alençon, dans le Prix

du Conseil général, sur 3.000 mètres, Monita gagne en 1' 37" et touche 920 francs.

A Cherbourg, le 29 juillet, dans le Derby du Cotentin, sur 3.000 mètres, Messagère (1' 36") bat de très loin Marcelet et Malaga. Montant du prix : 4.337 fr. 50.

A Caen, le 8 août, dans le Prix de la Ville, sur 4.000 mètres, Monita est première, Mandarine seconde. Monita reçoit 1.665 francs et Mandarine 765 francs.

Puis, dans le Saint-Léger du Demi-Sang, sur 4.000 mètres, Messagère arrive première en 1' 36", battant de loin Michigan et Marcelet. Monita est quatrième. Messagère gagne 6.080 francs, Monita 912 francs.

Le 11 août, à Cabourg, dans les Oaks du Demi-Sang, sur 4.000 mètres, Messagère arrive première au petit trot, et Mandarine seconde. L'une touche 6.080 francs, l'autre 700 francs.

A La Ferté-Macé, le 13 août, Mandarine gagne le Prix de la Société d'Encouragement, sur 3.500 mètres, et reçoit 1.780 francs.

A Pont-Levêque, le 14 août, dans le Grand-Prix, sur 4.000 mètres, Messagère court en 1' 37", laissant très loin derrière elle tous ses adversaires, et gagne 11.040 francs.

A Vincennes, le 27 août, dans le Prix de la

Manche, sur 4.000 mètres, Mandarine est seconde et touche 625 francs.

A Neuilly, le 31 août, dans le Prix des Orangers, sur 3.200 mètres, Médine gagne et reçoit 1.660 francs.

A Neuilly, le 6 septembre, dans le Derby de Paris, sur 3.000 mètres, Messagère trotte en 1' 32, arrive première incontestable et gagne 14.550 francs.

Le 16 septembre, à Neuilly, dans le Prix des Quinconces, sur 3.200 mètres, Mandarine est première en 1' 36" et gagne 1.280 francs.

Le 22 septembre, à Neuilly, dans le Prix de la Rivière, sur 4.000 mètres, Monita arrive première et gagne 1.340 francs.

Puis, dans le Prix de la Russie, sur 3.200 mètres, Monita recourt et gagne 1.380 francs.

Au Pin, le 24 septembre, dans le Prix du Conseil général, sur 4.000 mètres, Montebello, par Cherbourg et Elu, est premier et récolte 900 francs.

A Vincennes, le 9 octobre, dans le Grand Prix de l'Elevage, sur 4.000 mètres, Messagère est première, Mandarine seconde, Monita quatrième. Il revient 6.160 francs à la première, 2.660 francs à la seconde, 500 francs à la quatrième.

Ce Grand Prix de l'Elevage, de création

nouvelle, fut disputé pour la première fois en 1893. On voit que l'écurie Lallouet s'y tailla la part du lion, mais dans le Prix du Ministère, réservé aux poulains et de création nouvelle, lui aussi, l'élevage de Semallé n'eut pas un sort aussi heureux. Ses trois pouliches : Messagère, Monita et Mandarine, étaient très bonnes, mais les mâles laissaient à désirer, non pas au point de vue plastique, mais comme qualité trotteuse.

A Maisons, le 30 octobre, dans le Prix de Bretagne, sur 3.500 mètres, Médine arriva seconde pour recevoir 600 francs.

Ainsi, Messagère gagna, dans cette mémorable année 1893, la forte somme de 98.627 francs 50, mais Monita et même Mandarine auraient pu la suppléer, si elles n'avaient pas été sacrifiées à l'exercice pour entraîner Messagère.

M. Lallouet avait Messagère en association avec M. Desrochers.

Ce fut par une très louable délicatesse qu'il fit passer au premier rang la moitié des bénéfices qui lui revenaient dans les victoires de Messagère, au lieu de songer à grossir la part entière qu'il aurait touchée par les succès de Monita et de Mandarine.

Combien d'autres, à sa place, n'auraient pas agi avec autant de scrupule ?

En cette année 1893, l'écurie Lallouet encaissa un bénéfice de 148.592 francs et vendit pour 48.500 francs d'étalons à l'Etat.

Les gains de courses s'élevèrent à 139.342 francs, chiffre qui n'avait jamais été atteint dans le Trotting, et les primes dans les concours donnèrent 3.150 francs pour les pouliches et 6.100 francs pour les poulinières.

L'année où le tout jeune collégien Fernand Lallouet gagna sa première course sur l'hippodrome du Mans, qui avait vu la première victoire de son père, fut donc le prélude des plus grands succès, qui allaient se suivre et s'accroître.

ANNÉE 1894

A Vincennes, le 2 avril, dans le Prix Bayadère, sur 3.000 mètres, Narcisse, par Cherbourg et Fauvette II, arrive première en 1'39", sans se presser, et gagne 4.125 francs.

A Maisons, le 4 avril, dans le Prix de Maisons, sur 3.000 mètres, Narcisse réédite sa vitesse de 1' 39" et bat Narquois. Elle reçoit 5.160 francs.

Puis, dans le Prix du Boulonnais, sur 3.200 mètres, Neuilly, par Fuschia et une fille de Beaugé, gagne en 1' 38" et touche 2.280 francs.

A Vire, le 22 avril, dans le Prix du Premier Pas, sur 2.800 mètres, Narcisse bat de nouveau Narquois et reçoit 3.750 francs.

Au Pin, le 27 avril, dans l'épreuve des pouliches primées, sur 2.000 mètres, Nomade, par Fuschia et une fille de Parthénon, est première et gagne 1.300 francs.

A Vincennes, le 6 mai, dans le Prix d'Hennebont, sur 3.000 mètres, Neuilly arrive bon second en 1' 39", derrière Narquois, et touche 800 francs.

Puis, le 7 mai, dans le Prix des Bastions, sur 3.200 mètres, Messagère gagne en 1' 36" et récolte 1.550 francs.

A Saint-Lô, le 9 juin, dans le Prix de la Société des Steeple-Chases de France, sur 3.000 mètres, Nomade est première et gagne 1.240 francs.

Puis, le 10 juin, dans le deuxième Prix de la Société d'Encouragement, Nomade est de nouveau première et reçoit 1.080 francs.

A Rouen, le 24 juin, dans le Derby des Trotteurs, Novice (1' 38"), par Fuschia et une fille de Niger, bat Narcisse (1' 39"). Narcisse ne touche que 3.000 francs.

A Vincennes, le 9 juillet, sur 4.000 mètres, Nomade arrive première et gagne 1.780 francs.

Dans le Prix de Saint-Lô, sur 4.000 mètres,

Moonlighter bat de très peu Messagère, qui touche 700 francs comme seconde.

Et dans le Prix Pompadour, sur 3.500 mètres, Nougat est second pour toucher 500 francs.

Au Neubourg, dans le Prix de la Société des Steeple-Chases, sur 4.000 mètres, Messagère arrive seconde en 1' 36" et reçoit 1.000 francs.

Puis, dans le Derby Normand, sur 3.200 mètres, Nacelle est seconde et prend droit à 606 fr. 65.

A Flers-de-l'Orne, le 15 juillet, dans le Prix de la Ville, sur 4.000 mètres, Messagère, arrivée première, reçoit 1.270 francs.

A Alençon, le 22 juillet, dans le Prix de la Pyramide, sur 3.500 mètres, Nacelle, seconde, glane 300 francs.

Puis, dans le Prix de la Société d'Encouragement, sur 4 000 mètres, Médina gagne et reçoit 1.525 francs.

Le 23 juillet, toujours à Alençon, dans le Prix du Gouvernement, sur 3.000 mètres, Nougat arrive premier et gagne 1.300 francs.

Puis, dans le Prix du Conseil Général, sur 3.000 mètres, Nacelle est première et touche 1.280 francs.

Et dans le deuxième Prix du Gouvernement

sur 4.000 mètres, Ergoline bat aisément Messagère, qui ne reçoit que 400 francs.

A Cherbourg, le 29 juillet, dans le Prix du Conseil général, sur 4.000 mètres, Médine est première et reçoit 1.470 francs.

Puis, dans le Derby du Cotentin, sur 3.000 mètres, Narcisse arrive très facilement première et gagne 4.387 fr. 50.

A Caen, le 7 août, dans le Prix du Gouvernvment, sur 4.000 mètres, Messagère gagne 2.100 francs.

Dans le Prix de la Ville, sur 4.000 mètres, Nomade est seconde et touche 750 francs.

Dans le Prix de la Société d'Encouragement, sur 6.000 mètres, Messagère est très bonne seconde derrière Médine II, et récolte 1.200 francs.

Dans le Saint-Léger du Demi-Sang, sur 4.000 mètres, Narcisse prend sa revanche sur Novice, qui l'avait battu dans le Derby des Trotteurs, triomphe de lui après une lutte acharnée et touche 6.240 francs.

Dans le Prix Normand, sur 3.200 mètres, Nomade est seconde et touche 500 francs.

A Cabourg, le 10 août, dans le prix du Cercle du Casino, sur 4.000 mètres, Médine arrive première et touche 1.180 francs.

A Avranches, le 11 août, dans le Prix du

Département, sur 4.000 mètres, Médine est première et gagne 800 francs.

A Courseulles, le 15 août, dans le Prix du Gouvernement, sur 3.000 mètres, Nomade gagne 770 francs.

A Granville, le 19 août, dans le Prix du Gouvernement, sur 3.000 mètres, Néri gagne 1.850 francs.

A Mamers, le 19 août, Nectar, par Cherbourg et Ida, gagne le Prix de la Société d'Encouragement, sur 4.000 mètres, et touche 1.120 francs.

A Vincennes, le 26 août, dans le Prix de la Manche, sur 4.000 mètres, Nomade est seconde et récolte 775 francs.

Puis, Messagère gagne le Grand Prix de Quatre Ans, et touche 2.775 francs.

Au Pin, le 23 septembre, dans le Prix du Début, sur 4.000 mètres, Nossibé, par Cherbourg et une fille de Tigris, gagne, mais ne touche que 250 francs.

A Caen, le 28 septembre, dans le Prix Miss Pierce, sur 4.000 mètres, Nossibé, deuxième, touche 600 francs.

A Vincennes, le 8 octobre, dans le Grand Prix de l'Elevage, sur 4.000 mètres, Nomade deuxième reçoit 2.800 francs.

L'année 1894 avait fait encaisser par le haras de Semallé 84.453 fr. 50. En outre, les primes obtenues dans les divers concours avaient atteint le chiffre de 23.500 francs, savoir : 2.900 pour les pouliches, 5.900 pour les poulinières et 14.700 francs obtenus dans les concours régionaux.

Ce fut donc un total de 107.953 fr. 50 de bénéfices provenant de l'argent public, c'est-à-dire à la portée des éleveurs.

ANNÉE 1895

La Société du Demi-Sang prit possession du petit hippodrome de Neuilly et y donna une réunion le 6 mars. Les chevaux de l'élevage Lallouet sont très souples et très adroits. Ils se prêtèrent mieux que d'autres aux multiples difficultés de cette piste, qui était un tourniquet au lieu d'être un hippodrome, comme ils s'étaient distingués lors des représentations de courses au trot données sur le parallèlogramme très exigu du Concours hippique de Paris, au Palais de l'Industrie.

Dans le Prix de Maisons-Laffitte, sur 3.700 mètres, Nomade arriva seconde et gagna 1.250 francs.

Le 13 mars, toujours à Neuilly, dans le Prix Beaugé, sur 3.700 mètres, Nomade fut de nouveau seconde et eut droit à 800 francs.

A Neuilly, le 30 mars, dans le Prix de Mars, sur 4.200 mètres, Messagère gagne en 1'36" et reçoit 1.870 francs.

Le 1er avril, à Neuilly, dans le Prix Bayadère, sur 3.200 mètres, Osmonde, par Fuschia et Escapade, arrive première très facilement et touche 3.725 francs.

A Maisons-Laffitte, le 3 avril, dans le Prix du Perche, sur 4.000 mètres, Messagère gagne et reçoit 1.870 francs.

Puis, Osmonde arrive première dans le Prix de Maisons-Laffitte et gagne 4.175 francs.

A Neuilly, le 12 avril, dans le Prix Hémine, sur 3.200 mètres, Osmonde est gagnante et Odessa seconde. Montant du prix : 2.240 francs à l'une, 1.000 francs à l'autre.

Au Pin, le 26 avril, dans l'épreuve des pouliches primées, Odessa arrive première et reçoit 1.300 francs.

A Neuilly, le 27 avril, Odessa gagne sur 3.200 mètres ; elle recevait cent mètres d'avance en courant contre les chevaux de quatre ans. Elle les battit de loin. Montant du prix : 2.270 francs.

Puis, dans le Prix Fuschia, sur 3.200 mètres, Oranger, par Fuschia et Faustine, est second et gagne 500 francs.

Le 1er mai, à Neuilly, dans le Prix de Cluny, sur 3.200 mètres, Odessa arrive première en 1' 34" et gagne 1.450 francs.

Puis, dans le Prix de la Société d'Encouragement, sur 3.200 mètres, Osmonde est première en 1' 38" et gagne 9.550 francs.

Et, dans le Prix de Compiègne, sur 3.200, Messagère court en 1' 33", mais elle rendait 50 mètres à Nitouche et ne fut battue que d'une encolure. Elle reçut 500 francs.

A Vire, le 5 mai, dans le Prix du Premier Pas, sur 2.800 mètres, Osmonde (1' 38") gagne de loin et touche 2.950 francs.

A Mortagne, le 12 mai, dans le Prix d'Essai, sur 4.000 mètres, Osborne, par Fuschia et une fille de Dictateur, est deuxième et récolte 500 francs.

Puis, dans le Prix du Merlerault, sur 3.000 mètres, Oracle, par Fuschia et Eglantine, se place deuxième et glane 250 francs.

A Vincennes, le 20 mai, dans le Prix Legoux-Longpré, sur 3.200 mètres, Osmonde gagne de loin et Oranger est troisième. L'une touche 3.675 francs, l'autre 200 francs.

Oranger recourt dans le Prix du Neubourg,

sur 3.200 mètres, et gagne 1.825 francs.

A Bourigny, le 3 juin, dans le Prix du Gouvernement, sur 3.150 mètres, Osmonde n'arrive qu'au deuxième rang et ne gagne que 1.650 francs. Elle est battue par Originale, à M. Lebourg, mais cette Originale était fille de Juvigny et d'Alice, jument de pur sang. Or, Juvigny est l'un des nombreux et remarquables étalons, que M. Lallouet a fait naître et qu'il a fournis à l'Administration des Haras.

A Saint-Lô, le 9 juin, dans le Grand Prix du Gouvernement, sur 4.000 mètres, Messagère, qui rendait douze livres à Narquois, est battue par lui et ne touche que 1.000 francs comme seconde.

Puis, le 10 juin, dans le Prix de la Société des Steeple-Chases, sur 3.000 mètres, Osmonde prend une éclatante revanche sur Originale et la bat de trois secondes, c'est-à-dire d'une trentaine de mètres. Elle reçoit 2.450 francs.

A Rouen, le 30 juin, dans le Derby des Trotteurs, sur 3.200 mètres, Osmonde arrive première, Odessa deuxième; toutes les deux sont loin devant Izard, troisième. Montant du prix : 28.300 francs pour Osmonde, 3.000 fr. pour Odessa

Puis, Messagère est seconde derrière Ergoline et touche 1.500 francs, dans le Prix de la Cité, sur 4.800 mètres.

A Flers-de-l'Orne, le 7 juillet, dans le Prix du Gouvernement, sur 3.500 mètres, Osmonde arrive première en se promenant et gagne 4.900 francs.

Puis, le 8 juillet, sur le même hippodrome de Flers, dans le Prix de la Société des Steeple-Chases de France, Odessa se place première au petit trot et reçoit 1.240 francs.

Au Neubourg, le 7 juillet, dans le Derby Normand, sur 3.200 mètres, Osmonde va doucement pour gagner 1.566 fr. 65.

A Alençon, le 21 juillet, dans le Derby d'Alençon, sur 3.200 mètres, Osmonde est battue par Izard et ne gagne que 2.137 fr. 50.

Izard était fils de Valencourt, l'excellent étalon que M. Lallouet avait vendu à M. Lemonnier. C'était donc par une arme provenant de son élevage que le propriétaire du haras de Semallé subissait un échec.

A Argentan, le 28 juillet, dans le Derby d'Argentan, sur 4.000 mètres, Osmonde, probablement fatiguée ou mal disposée, ne court qu'en 1'48" et n'arrive que seconde pour toucher 1.518 fr. 75.

Au Mans, le 28 juillet, dans le Prix du

Gouvernement, sur 3.200 mètres, Odessa est première et gagne 850 francs.

A Caen, le 6 août, dans le Grand Saint-Léger du Demi-Sang, sur 4.000 mètres, encore une fois l'écurie Lallouet est battue par une arme qu'elle avait forgée ; Izard, par Valencourt et Pastille, monté par Lepoivre, qui en pilait et repilait sur sa selle, bat Odessa, qui gagne seulement 2.421 francs comme seconde.

A La Ferté-Macé, le 16 août, dans le Prix de la Société des Courses, sur 3.000 mètres, Ostende, par Fuschia et une fille de Parthénon, arrive première et reçoit 1.000 francs.

A Mamers, le 18 août, dans le Prix du Département, sur 3.200 mètres, Messagère court en 1' 33", pour gagner 440 francs.

A Caen, le 29 septembre, dans le Prix de Consolation, sur 4.000 mètres, Oran, par Fuschia et une fille de Serpolet Bai, arrive premier et reçoit 1.400 francs.

A Neuilly, le 30 novembre, dans le Prix de la Seine, sur 3.200 mètres, Obstacle, par Fuschia et Eglantine, est vainqueur et gagne 1.875 francs.

Les primes obtenues dans les concours produisirent, en 1895, la somme de 16.650 francs, ainsi répartie : 2.350 francs pour les pouliches et 7.200 francs pour les poulinières, dans les concours du département de l'Orne, et 7.100 francs dans les concours régionaux.

Les sommes gagnées en courses s'élevèrent à 133.421 fr. 75, et le total des recettes fut de 150.071 fr. 75.

Dix étalons, vendus à l'Administration des Haras, produisirent 87.000 francs.

ANNÉE 1896

Dans le Prix Bayadère, sur 3.200 mètres, à Neuilly, le 1er avril, Pristina, par Fuschia et Fauvette, n'arrive que troisième et ne touche que 750 francs, derrière Parfumeuse et Perle Fine, qui appartenaient à Mme veuve Forcinal.

Dans le Prix d'Essai, sur 3.200 mètres, Pompéi, par Fuschia et une fille de Serpolet Bai, est second et reçoit 1.250 francs.

A Neuilly, le 3 avril, dans le Prix Iris, sur 3.200 mètres, Pimpante, par Fuschia et une fille de Vichnou, est seconde et récolte 500 francs.

A Maisons-Laffitte, le 4 avril, dans le Prix de Maisons, Pompéi se place second et reçoit 1.250 francs.

A Vincennes, dans le Prix Legoux-Longpré, sur 3.200 mètres, Pompéi est de nouveau second et reçoit 2.500 francs.

Au Pin, dans l'épreuve des pouliches primées, sur 2.000 mètres, Pimpante arrive seconde et gagne 800 francs.

A Neuilly, le 25 avril, dans le Prix Ellora, sur 3.200 mètres, Portici, par Fuschia et Faustine, est vainqueur en 1' 36" et reçoit 2.240 francs.

Le 29 avril, à Neuilly, dans le Prix de la Société d'Encouragement, sur 3.200 mètres, Portici est second et fait encaisser 2.500 francs.

A Vire, le 10 mai, dans le Prix du Premier Pas, sur 2.800 mètres, Prestina arrive première en 1' 38" et gagne 2.880 francs.

A Neuilly, le 20 mai, dans le onzième Biennal du Demi-Sang, sur 3.200 mètres, Pristina est seconde et glane 300 francs.

A Nonant-le-Pin, le 24 mai, dans le Grand Prix, sur 3.000 mètres, Pégase n'arrive que second et ne reçoit que 937 fr. 50.

A Rouen, le 28 juin, dans le Derby des Trotteurs, sur 3.200 mètres, Pégase se place second et gagne 3.000 francs.

A Flers-de-l'Orne, le 5 juillet, dans le Grand Prix du Gouvernement, sur 3.500 mètres, Pégase est bon premier en 1' 36" et reçoit 3.625 francs.

Puis, dans le Prix des Fondateurs, sur 3.500 mètres, Plaisance, par Fuschia et Rosière, arrive premier et gagne 1.000 francs.

A Maisons-Laffitte, le 15 juillet, dans le Prix du Valois, sur 4.000 mètres, Pompéi est second et reçoit 1.000 francs.

Puis, dans le Prix de Caen, sur 4.000 mètres, Pimpante est seconde et gagne 800 francs.

A Alençon, le 19 juillet, dans le Prix des Promenades, sur 3.600 mètres, Pronostic, par Cherbourg et Isaura, est vainqueur et reçoit 900 francs.

Puis, dans le Prix de la Pyramide, sur 3.600 mètres, Plaisance arrive au premier rang et touche 920 francs.

Et, dans le Derby d'Alençon, sur 3.200 mètres, Pégase court en 1' 38", arrive premier et gagne 5.985 francs.

A Cherbourg, le 26 juillet, dans le Derby du Cotentin, sur 3.200 mètres, Pristina, la digne fille de Fuschia et de Fauvette, arrive première en 1' 38" et gagne 4.600 francs.

A Caen, le 4 août, dans le Saint-Léger du Demi-Sang, sur 4.000 mètres, Pompéi se place troisième en 1' 39" et reçoit 1.740 fr. 80.

A Pont-Lévêque, le 10 août, dans le Grand-Prix, sur 4.000 mètres, Pompéi est troisième et Pégase quatrième. L'un gagne 1.660 francs, l'autre 996 francs. Le terrain était si lourd, que Polka, la gagnante, courut en 1'55, Pompéi troisième en 1'57".

A Neuilly, le 23 août, dans le Critérium de trois ans, sur 3.700 mètres, Pégase arrive second en 1'36" derrière Polka, qui ne le devance que d'une seconde en 1'35". Pégase reçoit 1.500 francs.

Le 2 septembre, à Neuilly, dans le Prix Edimbourg, sur 3.700 mètres, la course est absolument la même que celle du 23 août dans le Critérium de trois ans. Polka gagne en 1'35" et Pégase second en 1'36 reçoit 800 francs.

Au Pin, le 20 septembre, dans le Prix des Jouteurs, sur 4.000 mètres, Pégase arrive premier et Pompéi second. L'un reçoit 2.000 francs, l'autre 1.500 francs.

Puis, dans le Prix International, sur 4.000 mètres, Pompéi est premier, Pégase troisième. Il revient 3.750 francs au premier et 800 francs au troisième.

A Caen, le 24 septembre, dans le Prix du Record, sur 4.000 mètres, Pégase et Pompéi prennent les deux premières places. L'un touche 1.500 francs, l'autre 1.000 francs.

Le 27 septembre, à Caen, dans le Prix de

l'Administration des Haras, sur 4.000 mètres, Pompéi bat Presbourg et reçoit 3.600 francs.

A Vincennes, le 12 octobre, dans le Prix du Ministère, sur 4.000 mètres, Pompéi arrive premier, Pégase second. Les bénéfices du prix sont de 15.690 francs pour Pompéi et de 4.730 francs pour Pégase.

En cette année 1896, Pompéi gagna 37.445 francs 85, Pégase 27.873 fr. 50 et Portici 5.343 francs. Tous les trois furent achetés par l'Administration des Haras. Celui des trois qui a le mieux produit, c'est Portici. Il était le plus vite, mais fut victime d'un accident et ne fit que peu d'apparitions en courses.

Nous devons faire remarquer qu'en cette année, il y avait une excellente jument nommée Polka et un très bon cheval nommé Presbourg.

Les primes obtenues dans les concours furent de 3.900 francs pour les pouliches et de 7.300 francs pour les poulinières, dans le département de l'Orne. Les concours régionaux produisirent 11.400 francs.

Les prix de courses fournirent 98.952 fr. 30; et toutes les sommes encaissées formèrent un total de 121.552 fr. 30.

ANNÉE 1897

A Vincennes, le 1er mars, dans le Prix du Retour, sur 3.000 mètres, Plaisance, par Fuschia et Rosière, arrive seconde et gagne 500 francs.

A Neuilly, le 16 avril, dans le Prix Hémine, sur 3.100 mètres, Quorum, par James Watt et Imprudente, est premier en 1' 36" et reçoit 2.180 francs.

A Neuilly, le 28 avril, dans le Prix de Compiègne, sur 3.200 mètres, Plaisance est première en 1' 36" et gagne 1.500 francs.

A Mortagne, le 2 mai, dans le Prix de Chère-Perrine, sur 3.000 mètres, Quibus, par Fuschia et Parthenon, se place second et touche 500 francs.

A Neuilly, le 8 mai, dans le Prix Phaéton, sur 3.200 mètres, Plaisance est seconde en 1' 36" derrière Polka et gagne 1.250 francs.

A Vincennes, le 24 mai, dans le Prix Legoux-Longpré, sur 3.200 mètres, Quorum est troisième en 1' 39" et reçoit 2.000 francs.

A Vincennes, le 31 mai, dans le Prix du Président de la République, sur 3.000 mètres, Quorum se place troisième et gagne 4.000 fr.

A Rouen, le 20 juin, dans le premier Prix

du Gouvernement, sur 3.200 mètres, Quintilien, par Cherbourg et Eurydice, arrive second, mais ne gagne que 300 francs.

A Neuilly, le 23 juin, dans le Prix Upas, sur 3.200 mètres, Quintal, par Cherbourg et Favorite, est second pour toucher 300 francs.

Puis, dans le Prix Valencourt, sur 3.200 mètres, Qualifiée, par Fuschia et Faustine, arrive seconde et reçoit 800 francs.

A Rouen, dans le Derby des Trotteurs, sur 3.200 mètres, le 27 juin, l'écurie Lallouet prend la quatrième et la cinquième place pour récolter 1.500 francs avec Quintilien et Quorum.

A Flers-de-l'Orne, le 4 juillet, dans le Premier Prix de la Société des Courses, Quintal arrive premier et gagne 1.000 francs.

Puis, dans le Prix des Steeple-Chases de France, sur 1.400 mètres, Quorum est second et touche 1.000 francs.

Le lendemain, 5 juillet, dans le Grand Prix du Gouvernement, sur 3.500 mètres, Quorum se place vaillamment second entre Quirinal et Azur, qui jouaient les premiers rôles dans une année moins bonne que les autres. Il reçoit 600 francs.

Au Merlerault, le 11 juillet, dans le Prix de la Société des Steeples-Chases de France, sur

3.000 mètres, Quintilien est vainqueur et gagne 1.840 francs.

A Alençon, le 18 juillet, dans le Derby d'Alençon, sur 3.200 mètres, Quorum est second et reçoit 2.212 fr. 50.

A Sillé-le-Guillaume, le 1er août, dans le Prix des Fondateurs, sur 3.000 mètres, Quimper, par Cherbourg et Ida, est monté par M. Fernand Lallouet et gagne après avoir soutenu une très vive lutte contre Quinquina. Le jeune cavalier préluda brillamment à ses nombreux succès futurs. Le montant du prix était de 850 francs.

A Caen, le 3 août, dans le Prix de la Ville de Caen, sur 4.000 mètres, M. Lallouet arriva très bon second avec Qualifiée et reçut 700 francs.

Puis, dans le Saint-Léger du Demi-Sang, sur 4.000 mètres, Quorum se plaça troisième pour gagner 1.436 fr. 85.

A Pont-Lévêque, le 9 août, dans le Grand Prix de Pont-Lévêque, sur 4.000 mètres, Quorum arrive second et reçoit 2.580 francs.

A Courseulles-sur-Mer, le 15 août, dans le Prix de la Société des Steeple-Chases de France, sur 3.000 mètres, Quorum, monté par M. Lallouet fils, se présente seul et gagne 1.130 francs.

A Deauville, le 19 août, dans le Prix du Conseil général, sur 3.000 mètres, Quimper, monté par M. Fernand Lallouet, arrive troisième et ramasse 300 francs.

A Mamers, le 22 août, dans le Prix de la Société des Courses, sur 4.000 mètres, Quéteur, par James Watt et Bon Espoir, est premier et reçoit 600 francs.

A Dieppe, le 29 août, dans le Prix de la Société d'Encouragement, sur 3.000 mètres, Quimper, monté par M. Fernand Lallouet, arrive premier après une belle lutte contre Quinze-Vingt et touche 1.225 francs.

A Neuilly, le 1er septembre, dans le Prix de Basly, sur 4.000 mètres, Quorum, monté par M. Fernand Lallouet, est second et glane 450 francs.

A Neuilly, le 8 septembre, dans le Prix des Vendanges, sur 3.700 mètres, Qualifiée, très énergiquement montée par M. Fernand Lallouet, bat Quiberon, un poulain appartenant à son oncle, M. Thibault, et monté par Juhellet. Il reçoit 1.870 francs.

Au Pin, le 19 septembre, dans le Prix des Jouteurs, sur 4.000 mètres, Quorum, monté par M. Fernand Lallouet, est second et gagne 1.500 francs.

Puis, dans le Prix du Conseil général, sur

4.000 mètres, Qualifiée, montée par M. Fernand Lallouet, est seconde et reçoit 300 francs.

Et dans le Prix International, sur 4.000 mètres, Quorum, vaillamment poussé par M. Fernand Lallouet, bat de trente mètres Pierrot, monté par Guibout. Le montant du prix est de 4.050 francs.

A Vincennes, le 11 octobre, dans le Grand Prix de l'Elevage, sur 4.000 mètres, Qualifiée, avec la monte de M. Fernand Lallouet, arrive seconde et gagne 2.780 francs.

Dans les concours du département de l'Orne, les pouliches obtinrent 2.050 francs de primes et les poulinières 6.500 francs, qui, joints aux 50.643 fr. 85 de prix de courses, formèrent un total de 59.193 fr. 85.

ANNÉE 1898

A Vincennes, le 28 février, dans le Prix du Retour, sur 3.000 mètres, Qualifiée, montée par M. Fernand Lallouet, arrive seconde et touche 800 francs.

A Neuilly, le 2 mars, dans le Prix de Maisons-Laffitte, sur 3.700 mètres, Qualifiée, hardiment montée par M. Fernand Lallouet, gagne et reçoit 3.450 francs.

A Neuilly, le 2 avril, dans le Prix Bayadère, sur 3.200 mètres, Redowa, par Fuschia et Escapade, montée par M. Fernand Lallouet, trotte en 1' 37" et bat aisément Réclame. Le montant du prix est de 3.800 francs.

A Neuilly, le 27 avril, dans le Prix de Cluny, sur 3.200 mètres, M. Lallouet fait trotter en 1' 38" Radziwill, beau poulain, par Juvigny et Gavotte, gagne et reçoit 2.260 francs.

Puis dans le Prix de la Société d'Encouragement, sur 3.200 mètres, Redowa est battue de très peu par Résistante. La seconde place rapporte 2.500 francs.

A Mortagne, le 24 avril, dans le Prix de Chéreperrine, sur 3.000 mètres, Radziwill, bat de loin Reux, un bon cheval qui devait être le père de Dagobert gagnant du Prix du Ministère en 1906. M. Lallouet fils, qui montait Radziwill, fait entrer 1.440 francs dans la caisse de la maison.

Puis, dans la Prix du Mesle-sur-Sarthe, sur 3.000 mètres, Réveuse (M. F. Lallouet) gagne d'une tête après une belle lutte contre Rebecca, montée par James. Le prix est de 1.890 francs.

A Vire, le 1er mai, dans le Grand Prix de Vire, sur 2.800 mètres, M. Lallouet fils fait trotter Redowa en 1' 36" et se donne le plaisir de battre de dix secondes, c'est-à-dire de plus de cent mètres, le poulain arrivé second. Montant du prix: 2.750 francs.

A Nonant-le-Pin, le 18 mai, dans le Prix du Gouvernement, sur 3.000 mètres, Reboul, par James Watt et Javotte, gagne et reçoit 1.150 fr.

A Angers, le 12 juin, dans le Prix de la Société d'Encouragement, sur 3.200 mètres, Redowa (M. F. Lallouet) trotte en 1' 36", et arrive première pour ne recevoir que 1.225 fr.

A Rouen, le 19 juin, dans le Premier Prix du Gouvernement, sur 3.200 mètres, Radziwill (M. F. Lallouet fils) bat Wilna et reçoit 1.975 francs.

A Rouen, le 26 juin, dans le Derby des Trotteurs, sur 3.200 mètres, Redowa gagne de loin avec la monte de M. F. Lallouet, et Royal, par Cherbourg et Ida, est bon troisième. Redowa reçoit 28.850 francs et Royal 1.700 francs.

A Flers-de-l'Orne, le 4 juillet, dans le Grand Prix du Gouvernement, sur 3.500 mètres, Redowa (M. Lallouet fils) fait une promenade pour récolter 2.200 francs.

Puis, dans le Prix de la Société d'Encouragement, sur 3.500 mètres, Reboul (M. Lallouet fils) gagne aisément et reçoit 1.990 francs.

A Alençon, le 17 juillet, dans le Derby d'Alençon, sur 3.200 mètres, Redowa avec son fidèle cavalier trotte en 1'35" et gagne 5.610 francs.

Puis, le 18 juillet, sur la même piste d'Alençon, dans le Prix des Etalons, sur 4.000 mètres, Rocambole, par Juvigny et Lutine arrive premier, et Rangez-Vous, par Cherbourg et Ellora, est troisième. L'un reçoit 510 francs, l'autre 100 francs.

Au Mans, le 25 juillet, dans le Prix de la Ville du Mans, sur 3.200 mètres, M. Fernand Lallouet, se souvenant que son père et lui plus tard avaient gagné leur première course sur cet hippodrome, vient monter Rebecca, par Juvigny et Mandarine III. Il arrive premier pour recevoir 1.350 francs et les sourires des plus gracieuses demoiselles du Mans.

A Argentan, le 31 juillet, dans le Derby d'Argentan, sur 4.000 mètres, M. Fernand Lallouet fit trotter doucement Redowa en 1' 39" pour être vainqueur et gagner 6.525 fr.

A Dozulé, le 2 août, le jeune Raoul Chapard, l'un des commissaires des courses, avait eu l'idée, fort inutile en France pour notre admirable race de trotteurs, de mettre au programme une course de 1.600 mètres, dans laquelle les chevaux, pour gagner, devaient être arrivés deux fois au premier rang.

M. Fernand Lallouet saisit du premier coup

ce truc américain et arriva d'abord premier en 1' 35" avec Royal, puis encore premier en 1' 32".

Sur ces deux enfantins parcours, avec repos pour les trotteurs, Royal gagna 1.235 francs.

A Courseulles-sur-Mer, dans le Prix de la Société des Steeple-Chases de France, sur 3.000 mètres, Royal (M. F. Lallouet) est premier et remporte 2.580 francs.

A Cabourg, le 17 août, dans le Prix des Pouliches, sur 4.000 mètres, Rébecca (M. Lallouet fils) arrive première et touche 1.420 francs.

A Neuilly, le 28 août, dans le Prix d'Août, sur 3.700 mètres, Rébecca (M. F. Lallouet) est seconde et reçoit 1.500 francs.

Au Pin, le 25 septembre, dans le Prix des Jouteurs, sur 4.000 mètres, Royal (M. Fernand Lallouet) arrive quatrième et gagne 1.000 francs.

A Vincennes, le 10 octobre, dans le Grand Prix de l'Élevage, sur 4.000 mètres, Redowa (M. Fernand Lallouet) arrive aisément première et reçoit 6.180 francs.

Les primes obtenues dans les concours, en 1897, donnèrent la forte somme de 28.150 francs, savoir : 4.350 francs pour les pouliches et 6.700 francs pour les poulinières présentées dans le département de l'Orne, et 17.100 francs pour les divers sujets envoyés aux concours régionaux.

Les prix de courses se montèrent à 106.145 fr. 30. Le total des recettes diverses fut donc de 130.295 fr. 30.

A partir de cette année 1898, le chiffre des sommes encaissées dans les concours et dans les courses alla sans cesse en augmentant pour la grande écurie Lallouet. Le fils s'était mis à l'œuvre pour aider son père dans l'entreprise magistrale dont nous faisons l'historique, et, dès sa seconde année de courses, M. Fernand Lallouet avait triomphé dans vingt épreuves, parmi les plus marquantes.

ANNÉE 1899

A Neuilly, le 18 mars, dans le Prix Bayard, sur 3.200 mètres, Rocambole, par Juvigny et Lutine, monté par M. Fernand Lallouet, se place second et gagne 800 francs.

Puis, dans le Prix Reynolds, sur 3.200 mètres, Rébecca (M. Lallouet fils) est deuxième en 1' 35" et reçoit 800 francs.

Le 31 mars, à Neuilly, dans le Prix Elan, sur 3.200 mètres, Rocambole est de nouveau second et touche 800 francs.

Le 1er avril, à Neuilly, dans le Prix Bayadère, sur 3.200 mètres, Sadowa (M. F. Lallouet), par Fuschia et Narcisse, arrive bonne première et gagne 6.375 francs.

Puis, dans le Prix d'Essai, sur 3.200 mètres, Stuart, par Juvigny et Nomade, est premier avec la monte de M. Fernand Lallouet. Il reçoit 6.775 francs.

A Vincennes, le 15 avril, dans le Prix des Violettes, sur 3.000 mètres, Rocambole est de nouveau second et récolte sa rente de 800 fr.

A Neuilly, le 22 avril, dans le Prix Iris, sur 3.200 mètres, Sensitive, par Fuschia et Ellora, bien montée par M. F. Lallouet, arrive première et touche 2.020 francs.

Puis, dans le Prix Niger, sur 3.700 mètres, Rocambole est second et gagne 800 francs. C'est un abonnement.

Le 26 avril, à Neuilly, dans le Prix Ellora, sur 3.200 mètres, Sentilly, par Fuschia et Nébuleuse, monté par M. Lallouet fils, est second et gagné 800 francs.

Puis, dans le Prix Fuschia, sur 3.200 mètres, Sensitive (M. Fernand Lallouet) arrive première.

A Bordeaux, le 30 avril, dans le Derby de Bordeaux, sur 3.200 mètres, Sensitive procura à M. Fernand Lallouet, son excellent cavalier, le plaisir de gagner devant les dames bordelaises, dont la capiteuse beauté est souriante et le charme légendaire. Le montant du prix fut de 3.870 francs.

A Neuilly, le 13 mai, dans le Prix Phaéton, sur 3.200 mètres, Stuart, par Juvigny et Nomade, court en 1' 35", mais est battu d'une encolure par Scala. Il reçoit 2.500 francs.

A Nonant-le-Pin, le 28 mai, dans le Prix de Nonant-le-Pin, Saxifrage, par Fuschia et Kaoline, arrive premier et gagne 2.340 francs.

A Vincennes, le 29 mai, dans le Prix du Président de la République, sur 3.200 mètres, Sensitive arrive seconde, Stuart troisième. Sensitive reçoit 12.000 francs et Stuart 7.000 francs.

A Flers-de-l'Orne, dans le Prix du Conseil général, sur 4.000 mètres, Rocambole, par Juvigny et Lutine, bien monté par M. Fernand Lallouet, gagne en 1' 39" et reçoit 1.190 francs.

Puis, dans le Prix de la Société des Steeple-Chases de France, sur 4.000 mètres, Sensitive (M. Lallouet fils) arrive bonne première et gagne 1.612 francs.

Toujours à Flers, le 3 juillet, dans le Prix de la Société d'Encouragement, sur 3.500 mètres, Sylvia, par Fuschia et Escapade

(M. Lallouet fils), est première et récolte 1.660 francs.

Puis, dans le Prix de la Ville de Flers, sur 4.000 mètres, Rocambole court en 1' 37" pour gagner 1.200 francs.

A Alençon, le 16 juillet, dans le Prix de la Pyramide, sur 3.600 mètres, Sylvia (M. Lallouet fils) arrive première sans se presser, en 1' 38" et récolte 1.300 francs.

Le 30 juillet, à Argentan, dans le Derby d'Argentan, sur 4.000 mètres, Sylvia arrive seconde et gagne 1.637 fr. 50.

Le 6 août, à Sillé-le-Guillaume, dans le Prix des Fondateurs, sur 3.000 mètres, Sydney, par Cherbourg et Etoile, bien monté par M. Fernand Lallouet, arrive premier, après une vive lutte contre Solférino, à M. Cavey aîné. Il ne glane que 820 francs.

A Neuilly, le 30 août, dans le Prix Livadie, sur 3.700 mètres, Stuart, énergiquement monté par M. Fernand Lallouet, court en 1'37" et n'est battu que de deux cinquièmes de seconde par Sfax, à M. Viel. Il reçoit 2.500 francs.

Le 2 septembre, à Neuilly, dans le Prix de Basly, sur 3.700 mètres, Rocambole arrive second et reçoit 800 francs. Bien soutenu par M. F. Lallouet, le brave fils de Juvigny et

Lutine n'est battu que d'une seconde par Réséda, après avoir fourni le parcours en 1'36".

A Caen, le 29 septembre, dans le Prix du Record, sur 4 000 mètres, Stuart arrive second et reçoit 1.000 francs.

Puis, dans le Prix de l'Administration des Haras, sur 4.000 mètres, Stuart est encore second et gagne 1.500 francs.

A Vincennes, le 9 octobre, dans le Prix de l'Elevage, sur 4.000 mètres, Sylvia arrive troisième en 1' 38" et reçoit 1.500 francs.

Puis, dans le Prix du Ministère, sur 4 000 mètres, Stuart est premier et gagne 15.630 francs. En outre, M. Lallouet reçoit 1.000 francs, comme éleveur de la mère de Stuart.

Les primes départementales furent de 6.400 francs pour les pouliches et de 5.000 francs pour les poulinières.

Le total des sommes encaissées, en 1899, fut de 118.911 fr. 50.

Quinze étalons furent vendus à l'Administration des Haras, pour la somme globale de 133 500 francs.

ANNÉE 1900

A Neuilly, le 17 mars, dans le Prix Reynolds, sur 3.200 mètres, Sylvia (M. Lallouet fils) gagne de loin et touche 1.960 francs.

Le 4 avril, à Neuilly, dans le Prix Bayadère, sur 3.200 mètres, M. Lallouet n'avait pas fait représenter ses couleurs.

Mais, dans le Prix d'Essai, sur 3.200 mètres, son poulain Tyrol, par Oran et Espérance, gagna aisément et reçut 6.375 francs.

A Neuilly, le 21 avril, dans le Prix Ellora, sur 3.200 mètres, Trésorier, par James Watt et Imprudente, bien piloté par M. F. Lallouet, court en 1' 37" et gagne 2.140 francs, après être arrivé bon premier.

A Mortagne, le 29 avril, dans le Prix du Mesle-sur-Sarthe, sur 3.000 mètres, Toison-d'Or, par Harley et Osmonde, montée par M. F. Lallouet, gagne très facilement et fait encaisser 1.950 francs.

A Neuilly, le 12 mai, dans le Prix Phaéton, sur 3.200 mètres, Trésorier, grâce à l'énergie de M. Fernand Lallouet, n'est battu que d'une seconde par Trinqueur. Il reçoit 2.500 francs.

A Vincennes, le 28 mai, dans le Prix du Président de la République, sur 3.200 mètres,

Trésorier n'arrive que quatrième, mais il reçoit 6.000 francs.

A Nonant-le-Pin, le 3 juin, dans le Prix du Gouvernement, sur 3.000 mètres, Tempête, par Narcisse et Parure, grâce à la monte de M. F. Lallouet, gagne par son cœur à la lutte, mais il ne passe à la caisse que pour 970 fr. Pour le cavalier et le poulain, ce n'était vraiment pas payé ce que ça valait.

Puis, dans le Grand Prix de Nonant-le-Pin, sur 3.000 mètres, Torrent, par Fuschia et Fauvette, arrive second et reçoit 1.102 fr. 50.

A Bourigny, le 4 juin, dans le Prix du Gouvernement de la République, sur 3.150 mètres, Tyrol gagne aisément et reçoit 1.815 francs.

A Rouen, le 17 juin, dans le premier Prix du Gouvernement, sur 3.200 mètres, Tempête, avec la monte de M. F. Lallouet, gagne en 1'38" et touche 2.075 francs.

Le 24 juin, à Rouen, dans le deuxième Prix du Gouvernement, sur 4.000 mètres, Sylvia (M. Lallouet fils), après une belle lutte, gagne d'une encolure et reçoit 1.825 francs.

Puis, dans le Derby des Trotteurs, sur 3.200 mètres, Trésorier arrive quatrième et Tempête cinquième. Trésorier fait encaisser 1.200 francs et Tempête 600 francs.

Trésorier et Tempête trottèrent en 1'37".

A Caen, le 7 août, dans le Prix des Marguerites, sur 4.000 mètres, Toison d'Or, par Harley et Osmonde, montée par M. F. Lallouet, arrive première et gagne 1.680 francs.

Puis, le 8 août, dans le Prix de Venoix, sur 4.000 mètres, Sylvia, énergiquement montée par M. Fernand Lallouet, bat de peu Ranavalo et Seigneur Noir. Course très disputée. Sylvia ne reçoit que 1.860 francs, après avoir trotté en 1'35" 3/10; Ranavolo arrivait en 1'35" 3/5 et Seigneur Noir en 1'36".

Dans le Prix des Ponts, sur 4.000 mètres, Tributaire, par James Watt et Jardinière, est premier et récolte 1.620 francs.

Et, dans le Prix Normand, sur 3.200 mètres, Tant Pis, par Narcisse et Ondoyante, monté par M. Lallouet fils, gagne après une très vive lutte contre Tanhauser. Il reçoit 1.460 francs.

A Bernay, le 12 août, dans le Prix du Gouvernement, sur 4.000 mètres, Sylvia, montée par M. Lallouet fils, retrouve Ranavalo et ne la bat que de très peu, grâce à l'énergie et au tact de son cavalier. Elle gagne 1.960 francs.

A Dieppe, le 15 août, dans le Prix du Gouvernement, sur 4.000 mètres, Sylvia (M. Fernand Lallouet, gagne aisément et sans se presser, pour ramasser 1.580 francs.

Puis, Tant Pis (M. Lallouet fils) glane le Prix de la Société Sportive d'Encouragement, sur 3.100 mètres, pour encaisser 1.040 francs.

A Pont-l'Evêque, le 20 août, dans le Prix de la Société Sportive d'Encouragement, sur 3.100 mètres, Tant Pis (M. F. Lallouet) gagne les 1.120 francs réservés au vainqueur.

A Deauville, le 23 août, dans le Prix de Deauville, sur 4.000 mètres, Triolet, par James Watt et Lisette II, monté par M. Lallouet fils, arrive bon premier et ramasse 1.240 francs.

Au Pin, le 23 septembre, dans le Prix du Début, sur 4.000 mètres, Tant Pis, monté par M. Lallouet fils, arrive premier, pour gagner 420 francs.

A Caen, le 9 octobre, dans les épreuves supplémentaires, sur 4.000 mètres, Tant Pis et Tempête arrivent premier et deuxième, pour gagner l'un 400 francs, l'autre 200 francs.

Les prix de courses en cette année 1900 produisirent 83.298 fr. 90, et les primes obtenues dans les concours s'élevèrent à 45.500 fr., ainsi répartis : 1.600 francs pour les pouliches et 6.700 francs pour les poulinières primées dans le département de l'Orne, et 37.200 fr.

obtenus au Concours général de l'Exposition universelle.

C'est à cette mémorable Exposition que l'étalon Juvigny, vendu à l'Administration des Haras par M. Lallouet, obtint un succès d'admiration unanime.

ANNÉE 1901

A Vincennes, le 23 mars, dans le Prix des Lilas, sur 3.000 mètres, Tant Mieux arrive second et gagne 800 francs.

A Vincennes, le 5 avril, sur 3.300 mètres, dans le Prix Niger, Toison d'Or, montée par M. Fernand Lallouet, arrive bonne première et gagne 2.170 francs.

A Vire, le 5 mai, dans le prix de la ville de Vire, sur 2.800 mètres, Targette, par Juvigny et Javeline, court en 1' 36" et gagne de loin, pour ne recevoir que 800 francs.

A Saint-Cloud, le 11 mai, dans le Prix Legoux-Longpré, sur 4.000 mètres, Toison d'Or (M. Lallouet fils) arrive seconde derrière Trinqueur et touche 5.000 francs.

A Vincennes, le 18 mai, dans le Prix Daumesnil, sur 3.000 mètres, Unité, par Narcisse et Qualifiée n'a qu'un trot de promenade à faire pour arriver bonne première et faire récolter 1.870 francs.

A Saint-Lô, le 19 mai, dans le Prix de la Société des Steeple Chases de France, Torrent est premier et gagne 3.180 francs.

Puis, dans le Grand Prix du Gouvernement, sur 4.000 mètres, Toison d'Or (M. F. Lallouet) arrive bonne première et touche 3.010 francs.

A Mamers, le 19 mai, dans le Prix de la Société d'Encouragement, sur 3.000 mètres, Ulpieu, par Hetmann et La Patti, est premier et glane 1.000 francs.

A Orléans, le 27 mai, dans le Prix de Mai, sur 3.000 mètres, Targette se place première pour gagner 945 francs.

A Rouen, le 30 juin, dans le Derby des Trotteurs, sur 3.200 mètres, Ulkase, par Fuschia et Isaura, gagne facilement et fait entrer dans la profonde caisse Lallouet 32.350 francs.

A Flers-de-l'Orne, le 8 juillet, dans le Grand Prix du Gouvernement, sur 3.500 mètres, Decorum arrive premier et reçoit 1.600 francs.

Au Mans, le 28 juillet, dans le Prix de la Société d'Encouragement, sur 4.000 mètres, Targette gagne de loin pour la modique somme de 1.080 francs.

A Sillé-le-Guillaume, le 4 aout, dans le Prix

des Fondateurs, sur 3.000 mètres, Ulysse, par Nabucho et Eolienne, arrive premier et reçoit 835 francs.

A Caen, le 6 août, dans le Prix Sébastopol, sur 3.200 mètres, Tant Mieux (M. Lallouet fils) est premier et gagne 1.600 francs.

A Bernay, le 11 août, dans le Prix du Gouvernement, sur 3.000 mètres, Ugolin, par James Watt et Néva, se place premier et récolte 970 francs.

A Saint-Cloud, le 4 septembre, dans le Prix de Suresnes, sur 3.500 mètres, Tant Mieux (M. F. Lallouet) gagne de loin pour faire encaisser 2.260 francs.

A Saint-Cloud, le 18 septembre, dans le Prix de Courbevoie, sur 3.000 mètres, Tant Mieux (M. Lallouet fils) arrive premier, Targette seconde. L'un touche 2.200 francs, l'autre 800 francs.

A Caen, le 28 septembre, dans le Prix du Record, Unité (M. Lallouet fils) arrive premier en battant Diomède, qui avait été le gagnant du Prix du Président de la République, et reçoit 2.140 francs.

Les primes aux pouliches ou aux poulinières, obtenues dans les divers concours, firent entrer 22.200 francs dans les recettes de la caisse Lallouet, et comme les prix de courses avaient produit 119.807 fr. 40, le total des bénéfices bruts de l'année se monta à la somme de 142.007 fr. 40.

En outre, quatorze étalons vendus à l'Etat produisirent 116.500 francs.

ANNÉE 1902

A Vincennes, le 8 mars, dans le Prix Michelet, sur 3.200 mètres, Uvernet, par Fuschia et Faustine, arrive premier et gagne 2.350 francs.

A Vincennes, le 12 mars, dans le Prix Reynolds, sur 3.200 mètres, Tant Mieux gagne aisément et reçoit 2.050 francs.

A Saint-Cloud, le 5 avril, dans le Prix d'Essai, sur 2.800 mètres, Vulcain, par Quibus et La Force, se place troisième et reçoit 1.500 francs.

A Marseille, le 13 avril, dans le Prix de la Société des Steeple-Chases, Tant Mieux gagne difficilement et touche 2.480 francs.

A Saint-Cloud, dans le Prix Iris, le 29 avril, Vénus, par Fuschia et Monita, est montée par M. Fernand Lallouet et arrive seconde, pour récolter 800 francs.

A Mortagne, le 4 mai, dans le Prix du Merlerault, sur 3.000 mètres, Valencourt, par Fuschia et Fauvette, remporte sa première victoire dès son début et gagne 1.490 francs, pour justifier le glorieux nom qu'il avait reçu et préluder aux 41.694 francs qu'il devait gagner dans son année.

A Cherbourg, le 18 mai, dans le Prix du Gouvernement, sur 3.200 mètres, Vulcain, par Quibus et La Force, arrive premier, grâce à la monte de M. Lallouet fils, et reçoit 900 fr.

A Saint-Cloud, le 2 juin, dans le Prix Cherbourg, sur 2.800 mètres, Vanité (M. F. Lallouet) est première et reçoit 1.600 francs.

Puis, Tant Mieux gagne le Prix Harley, sur 2.000 mètres, et gagne 2.140 francs.

A Carentan, le 8 juin, dans le Prix de la Société d'Encouragement, sur 2.800 mètres, Vert Galant, par James Watt et Ondoyante, monté par M. F. Lallouet, se place premier pour faire encaisser 1.620 francs.

A Rouen, le 22 juin, dans le premier Prix du Gouvernement, sur 3.200 mètres, Vénus (M. Lallouet fils) gagne aisément et reçoit 1.550 francs.

A Rouen, le 29 juin, dans le Derby des Trotteurs, sur 3.200 mètres, Valencourt arrive premier et Vulcain second. Tous les deux en 1' 36". Le premier reçoit 30.150 francs et le second 4.200 francs.

A Flers-de-l'Orne, le 6 juillet, dans le premier Prix de la Société des Courses, sur 3.000 mètres, Vendôme, par James Watt et Fleur de Neige, est vainqueur et gagne 1.000 francs.

Puis, dans le Prix de la Ville de Flers, sur 4.000 mètres, Tant Mieux arrive premier et reçoit 1.266 fr. 65.

Toujours à Flers-de-l'Orne, le 7 juillet, Vendôme arrive premier et gagne 1.480 francs, grâce au Prix de la Société d'Encouragement, sur 3.000 mètres.

A Saint-Cloud, le 12 juillet, dans le Prix de Compiègne, sur 3.200 mètres, Tant Mieux gagne et reçoit 2.140 francs.

Puis, dans le Prix de Cluny, sur 3.000 mètres, Vert Galant (M. F. Lallouet) arrive bon premier en 1' 37" et reçoit 2.230 francs.

A Alençon, le 20 juillet, dans le Prix de la Pyramide, sur 3.200 mètres, Vénus (M. F. Lallouet) court en 1' 35" pour récolter 1.280 fr.

Puis, le 21 juillet, Vantard gagne 1.640 francs en arrivant premier dans le Prix du Gouvernement, sur 3.000 mètres.

Et, Tant Mieux fait encaisser 1.725 francs en remportant le second Prix du Gouvernement, sur 4.000 mètres.

A Argentan, le 27 juillet, dans le Prix de la Société d'Encouragement, sur 4.000 mètres, Ulysse, par Nabucho et Eolienne, fut monté par M. Fernand Lallouet et trotta en 1' 37", pour gagner 1.500 francs.

Puis, dans le Derby d'Argentan, le 27 juillet, sur 4.000 mètres, Vénus (M. F. Lallouet) gagne facilement et fait venir 6.137 fr. 50 dans la profonde caisse de l'élevage Lallouet.

A Granville, le 3 août, dans le Prix du Gouvernement, sur 3.000 mètres, Vantard trotta en 1' 38" et gagna 1.520 francs.

A Sillé-le-Guillaume, le 3 août, dans le Prix des Fondateurs, Vauban, par Portici et Quenotte, monté par M. Lallouet fils, gagne après une belle lutte contre Vigilant, et reçoit 805 francs.

A Caen, le 5 août, dans le Saint-Léger du Demi-Sang, sur 4.000 mètres, Vulcain (M. F. Lallouet) gagne aisément et récolte 5.875 francs.

Puis, le 6 août, dans le Prix des Ponts, sur 3.000 mètres, Vauban (M. F. Lallouet) arrive premier et gagne 1.960 francs.

A Lisieux, le 7 août, dans le Grand Prix de la Ville de Lisieux, sur 4.000 mètres, Vénus, bien montée par M. Fernand Lallouet, arrive première et fait encaisser 7.600 francs.

A Pont-l'Evêque, le 14 août, Vénus (M. Lallouet fils) arrive seconde et Valencourt troisième. L'une reçoit 2.230 francs et l'autre 1.115 francs.

A Courseulles, le 15 août, dans le Prix de la Société des Steeple-Chases de France, Vantard se place premier et gagne 1.400 francs.

A Dieppe, le 15 août, dans le Prix de la Société d'Encouragement, sur 3.100 mètres, Vauban (M. Lallouet fils) gagne et reçoit 1.160 francs.

A Saint-Cloud, le 30 août, dans le Prix Livadie, sur 2.000 mètres, Valencourt est second, Vulcain quatrième. L'un reçoit 2.500 francs, l'autre 1.000 francs.

Le 3 septembre, à Saint-Cloud, dans le Prix de Croisé, sur 3 200 mètres, Vulcain (M. Lallouet fils) arrive premier et gagne 5.400 francs.

A Saint-Cloud, le 10 septembre, dans le Prix des Etalons, sur 2.800 mètres, Vésuve, par Pompéi et Navette, gagne aisément et son succès rapporte 1.280 francs.

Le 13 septembre, à Saint-Cloud, dans le Prix des Pommiers, sur 3.000 mètres Vendôme (M. F. Lallouet) est vainqueur et gagne 2.350 francs.

Le 17 septembre, à Saint-Cloud, dans le Prix de Cornulier, sur 2.000 mètres, Vénus

(M. Lallouet fils) arrive troisième et reçoit 1.500 francs.

Au Pin, le 21 septembre, dans le Prix des Jouteurs, sur 4.000 mètres, Ulysse est troisième et rapporte 1.200 francs. Vantard arrive sixième et reçoit 600 francs.

Dans le Prix des Futaies, sur 4.000 mètres, Ulysse, monté par M. F. Lallouet, est vainqueur et gagne 1.600 francs.

A Caen, le 25 septembre, dans le Prix du Record, sur 4 000 mètres, Vulcain (M. Lallouet fils) arrive premier, Vantard second, Vendôme cinquième. Le premier reçoit 1.940 francs, le second 1.000 francs, le cinquième 600 francs.

A Saint-Cloud, le 13 octobre, dans le Prix de l'Elevage, sur 4.000 mètres, Vénus (M. F. Lallouet) est première, après une très vive lutte contre Varèze, à M. Viel. Le montant du prix est de 5.400 francs pour Vénus.

Puis, Vulcain (M. F. Lallouet) gagne le Prix du Ministère et reçoit 15.540 francs. Valencourt, arrivé cinquième, glane 500 fr.

Les primes de concours départemental produisent, en 1902, la somme de 10.500 francs, savoir : 2.000 francs pour les pouliches et 8.500 francs pour les poulinières.

Les prix de courses fournissent 169.214 francs 80. Les deux recettes forment donc un total de 179.714 fr. 80.

En plus, dix-sept étalons sont vendus à l'Etat, pour la somme globale de 156.000 francs.

ANNÉE 1903

A Vincennes, le 4 mars, dans le Prix Reynolds, sur 3.000 mètres, Vert Galant (M. F. Lallouet) arrive premier.

Dans le Prix d'Essai, le 4 avril, à Saint-Cloud, sur 2.800 mètres, Azur, par Juvigny et Plaisance, bien monté par M. Lallouet fils, est vainqueur et reçoit 6.000 francs.

Puis, dans le Prix Conquérant, sur 2.800 mètres, Vénus (M. F. Lallouet) bat de peu, après une ardente lutte, Verluisant, à M. Olry.

A Saint-Cloud, le 10 avril, dans le Prix des Berges, sur 2.800 mètres, Vercingétorix (M. F. Lallouet) arrive premier.

Puis, dans le Prix Hémine, sur 2.800 mètres, Azur est battu de très peu par Aline.

Et, dans le Prix Iris, sur 2.800 mètres, Alérion, par Fuschia et Narcisse (M. Lallouet fils), est gagnant.

Le 18 avril, à Saint-Cloud, dans le Prix

Fuschia, sur 3.200 mètres, Azur (M. Lallouet fils) arrive premier; Aurore, par Fuschia et Kœcy, est seconde.

Puis, dans le Prix Vichnou, sur 2.900 mètres, Alérion est premier.

A Bordeaux, le 3 mai, dans le Derby de Bordeaux, sur 3.200 mètres, Alérion (M. Lallouet fils) arrive premier, Aurore seconde.

A Saint-Cloud, le 9 mai, dans le Prix Legoux-Longpré, sur 4.200 mètres, Vénus, très bien montée par M. Fernand Lallouet, arrive première et reçoit 11.600 francs.

A Saint-Cloud, le 15 juin, dans le Prix du Président de la République, sur 2.800 mètres, Azur est second, Aurore cinquième. L'un touche 12.187 fr. 50, l'autre 2.000 francs.

A Rouen, le 28 juin, dans le Derby des Trotteurs, sur 3.200 mètres, Azur arrive second, Aurore troisième. L'un reçoit 4.200 francs, l'autre 2.500 francs.

A Flers, le 5 juillet, dans le Prix de la Société des Courses, sur 3.000 mètres, Aragon, par Quiconque et Sépale, se place premier.

A Saint-Cloud, le 11 juillet, dans le Prix d'Angers, sur 2.800 mètres, Anvers, par Hetman et Thémis, trotte en 1' 35".

Au Merlerault, le 12 juillet, dans le Derby du

Merlerault, sur 3.200 mètres, Azur, grâce à la monte de M. Fernand Lallouet, parvient à battre d'une encolure Aline, qui, jusqu'alors, l'avait toujours devancé. Il gagne 5.480 francs et une caisse du célèbre vin de Champagne Rœderer.

A Alençon, le 19 juillet, dans le Derby d'Alençon, sur 3.200 mètres, Azur (M. Fernand Lallouet) bat Aunay, après une belle lutte.

Le lendemain, Argenté, par Hetman et Riga, gagne le Prix de la Société d'Encouragement, sur 3.100 mètres.

A Caen, le 4 août, dans le Prix Stuart, sur 5.000 mètres, Vénus, bien pilotée par M. Fernand Lallouet, trotte en 1' 35" et arrive première.

Puis, le 5 août, Argenté remporte le Prix Normand, sur 3.200 mètres.

A Lisieux, le 6 août, dans le Grand Prix de la Ville de Lisieux, sur 4.000 mètres, Azur arrive second.

A Cabourg, le 12 août, dans le Prix Varaville, sur 3.200 mètres, Amiral, par Presbourg et Quarantaine, court en 1' 38" et arrive premier.

A Dieppe, le 15 août, dans le Prix du Gouvernement, sur 4.000 mètres, Alérion (M.

F. Lallouet) arrive premier sans se presser.

Au Mont-Saint-Michel, le 23 août, dans le Prix de la Société sportive d'Encouragement, sur 3.100 mètres, Aspic, par Napoléon et Rusticana, est vainqueur.

A Saint-Cloud, le 31 août, dans le Prix Valencourt, eur 3.200 mètres, Alhambra, par Quartier-Maître et Fée (M. F. Lallouet), court en 1' 36" et arrive bon premier.

Le 9 septembre, à Saint-Cloud, dans le Prix des Vendanges, sur 3.500 mètres, Amiral est premier.

A Mortagne, le 13 seplembre, dans le Prix Trinqueur, sur 3.200 mètres, Adonis, par James Watt et Néva (M. F. Lallouet) trotte en 1' 37", pour gagner 970 francs.

Au Pin, dans le Prix du Merlerault, sur 4.000 mètres, Azur est premier.

A Caen, le 24 septembre, dans le Prix du Record, sur 4.000 mètres, Alérion (M. F. Lallouet) se place premier.

Le 27 septembre, à Caen, dans le Prix de l'Administration des Haras, sur 4.000 mètres, Azur, énergiquement monté par M. Fernand Lallouet, bat de peu Vaudemont.

A Saint-Cloud, le 12 octobre, dans le Prix de l'Élevage, sur 4.200 mètres, Aurore est seconde.

Les primes du département de l'Orne produisent, en 1903, pour les pouliches, 1.450 francs et, pour les poulinières, 8.700 francs. Aux concours régionaux, 10.000 francs sont obtenus.

Les prix de courses fournissent 155.408 francs et les ventes de seize étalons à l'État 116.500 francs.

C'est donc 292.058 francs de recettes pour le haras de Semallé, en 1903.

ANNÉE 1904

A Vincennes, le 7 mars, dans le Prix Reynolds, sur 3.500 mètres, Amaranthe (M. F. Lallouet) arrive première en 1' 35".

Le 9 mars, à Vincennes, dans le Prix Beaugé, sur 3.500 mètres, Amaranthe (M. Lallouet fils) gagne encore.

Le 19 mars, à Vincennes, dans le Prix des Lilas, sur 3.200 mètres, Aspic arrive premier.

Puis, dans le Prix des Giboulées, sur 3.000 mètres, Amaranthe est battue de peu par Amen.

A Saint-Cloud, le 1er avril, dans le Prix d'Essai, sur 2.800 mètres, Beaumanoir, par Narquois et Quenotte (M. Lallouet), arrive premier facilement. Bécherel, par Narquois et Mandarine III, est troisième.

Puis, dans le Prix Conquérant, sur 2.800 mètres, Azur se place second, Aurore troisième.

Le 9 avril, à Saint-Cloud, dans le Prix Hémine, sur 2.800 mètres, Beaumanoir (M. Fernand Lallouet) court en 1'34" et arrive bon premier. La Fouilleuse, par Fuschia et Palestine, est troisième en 1'35".

Puis, dans le Prix Niger, sur 3.500 mètres, Aspic est premier.

Le 16 avril, à Saint-Cloud, dans le Prix des Charentes, sur 2.800 mètres, Aspic gagne.

Puis, dans le Prix Fuschia, sur 3.300 mètres, Beaumanoir (M. Lallouet fils) court en 1'33" et gagne aisément.

A Vincennes, le 23 avril, Azur se place premier.

A Saint-Cloud, le 7 mai, dans le Prix Legoux-Longpré, sur 4.200 mètres, Azur arrive premier en 1'34". Alérion, second en 1'34" 3/16.

A Cherbourg, le 22 mai, dans le Prix du Conseil général, sur 4.000 mètres, Amaranthe (M. Lallouet fils) se place première en 1'34". Aspic second, en 1'34" 9/16.

Puis, dans le Derby du Cotentin, sur 3.200

mètres, Beaumanoir (M. F. Lallouet), arrive premier, en 1' 35". Bécherel second, en 1' 35" 11/16.

Au Mans, le 29 mai, dans le Prix de la Société d'Encouragement, sur 4.000 mètres, Amaryllis, par Fuschia et Isaura, gagne aisément.

A Carentan, dans le Prix de la Société, sur 4.000 mètres, Arrogant, par Pompéï et Emeraude, arrive premier, en 1' 39".

A Rouen, le 19 juin, dans le premier Prix du Gouvernement, sur 3.200 mètres, Bégonia, par Fuschia et Rebecca (M. Lallouet fils), gagne aisément.

A Saint-Cloud, le 20 juin, dans le Prix du Président de la République, sur 2.800 mètres, Beaumanoir, grâce au tact et à l'énergie de M. Fernand Lallouet, bat d'une tête Bémécourt à M. Olry. Les deux chevaux trottèrent en 1' 30". Bécherel était troisième en 1' 32".

A Rouen, le 26 juin, dans le deuxième Prix du Gouvernement, sur 4.000 mètres, Amaranthe (M. F. Lallouet) court en 1' 35", et gagne.

Puis, dans le Derby des Trotteurs, sur 3.200 mètres, Beaumanoir est battu d'un cinquième de seconde par Bémécourt. Ce fut la faute du jockey qui montait Bécherel, et qui, par mégarde, ouvrit la place de passer à Bémécourt. Deux foulées plus loin, Beaumanoir aurait gagné au lieu de perdre de si peu.

Puis, dans le troisième Prix du Gouvernement, sur 3.200 mètres, Azur (M. Lallouet fils) arrive premier.

A Flers-de-l'Orne, le 4 juillet, dans le Prix de la Société des courses, sur 4.000 mètres, Arrogant gagne en 1' 39".

A Saint-Cloud, le 9 juillet, dans le Prix de Compiègne, sur 4.200 mètres, Alérion (M. F. Lallouet) court en 1' 32", et gagne.

Puis, dans le Prix de Normandie, sur 4.000 mètres, Bégonia (M. F. Lallouet) court en 1' 33", et se place premier.

Au Merlerault, le 10 juillet, dans le Derby du Merlerault, sur 3.200 mètres, Beaumanoir arrive second, Bécherel troisième.

A Alençon, le 17 juillet, dans le Derby d'Alençon, sur 3.200 mètres, Bégonia se place second, La Fouilleuse troisième.

Puis, dans le Prix de la Société d'Encouragement, le 18 juillet, sur 4.000 mètres, Alérion (M. Lallouet fils) court en 1'32", et gagne.

A Argentan, le 31 juillet, dans le Derby d'Argentan, sur 4.000 mètres, Bégonia est second, La Fouilleuse troisième.

A Dinan, le 7 août, dans le Prix des Trotteurs, sur 3.200 mètres, Biarritz, par Juvigny et Nomade (M. F. Lallouet), arrive première.

A Caen, dans le Saint-Léger du Demi-Sang, sur 4.000 mètres, Bégonia se place second, La Fouilleuse quatrième.

A Dieppe, le 15 août, dans le Prix du Casino et de la Plage, sur 3.500 mètres, Flore trotte en 1' 35" et gagne.

A Pont-l'Evêque, le 19 août, dans le Prix du Gouvernement, sur 4.000 mètres, Aspic gagne.

Puis, dans le Grand Prix de Pont-l'Evêque, sur 4.000 mètres, Bégonia (M. F. Lallouet) gagne de loin.

A Deauville, le 25 août, dans le Prix de la Société des Courses, sur 4.000 mètres, Aspic gagne aisément.

Puis, dans le Prix de la Plage, sur 3.000 mètres, Biarritz (M. F. Lallouet) arrive première après une lutte très vive, dans laquelle son excellent cavalier ne peut avoir le meilleur que par un cinquième de seconde.

A Saint-Cloud, le 8 août, dans le Prix Upas, sur 2.800 mètres, Béatrix, par Fuschia et Monita, gagne facilement.

Le 3 septembre, à Saint-Cloud, dans le Prix

Livadie, sur 2.000 mètres, Beaumanoir (M. Lallouet fils) arrive premier.

A Mortagne, le 12 septembre, dans le Prix du Mesle-sur-Sarthe, sur 4.000 mètres, Brustelle, par Hetman et Sarah Bernhardt, gagne aisément.

Puis, dans le Prix de l'Orne, sur 4.000 mètres, Batavia, par Sébastopol et Gérance, arrive première.

A Saint-Cloud, le 17 septembre, dans le Prix Jacques Olry, sur 3.200 mètres, Vapille, à M. Forcinal, court en 1'32" et bat de très peu Beaumanoir. Azur est troisième.

Au Pin, le 25 septembre, dans le Prix des Jouteurs, sur 4.000 mètres, Azur arrive premier, Bégonia deuxième.

A Caen, le 29 septembre, dans le Prix du Record, sur 4.000 mètres, Bégonia (M. F. Lallouet) gagne en 1' 33".

Puis, le 1er octobre, dans le Prix Miss Pierce, sur 3.000 mètres, Amaryllis se place première.

Et, dans le Prix de l'Administration des Haras, sur 4.000 mètres, Azur est premier, Bégonia troisième.

Puis, dans le Prix de La Noé, Amaranthe (M. F. Lallouet) bat d'une encolure Tunisie.

A Saint-Cloud, le 17 octobre, dans le Prix

Moonlighter, sur 2.000 mètres, Azur arrive premier en 1' 30" et Amaranthe troisième en 1' 34".

Le 16 novembre, à Saint-Cloud, dans le Prix Messagère, sur 2.800 mètres, Béatrix se place première.

Les primes départementales accordent, en 1904, aux pouliches 1.700 francs, aux poulinières 8.900 francs, et les concours régionaux rapportent 3.500 francs.

Les prix de courses donnent 235.768 fr. 25.

D'autre part, 15 étalons sont vendus à l'État 150.500 francs.

C'est donc 400.368 fr. 25 qui reviennent à l'élevage Lallouet.

ANNÉE 1905

A Saint-Cloud, le 1er avril, dans le Prix des Violettes, sur 2.800 mètres, Batavia arrive première.

Puis, dans le Prix Bayadère, sur 2.800 mètres, Cyclamen, par Fuschia et Narcisse (M. F. Lallouet), gagne de loin.

Et, dans le Prix d'Essai, sur 2.800 mètres, Célibataire, par Sébastopol et Résistante (M. F. Lallouet) arrive second derrière Syracuse.

Puis, dans le Prix Conquérant, sur 2.800 mètres, Beaumanoir gagne aisément.

Le 21 avril, à Saint-Cloud, dans le Prix Fuschia, sur 3.300 mètres, Beaumanoir trotte en 1' 30" et bat Bémécourt de 3 secondes 3/5, c'est-à-dire de fort loin (plus de 35 mètres). Bégonia est troisième.

A Vincennes, le 21 avril, dans le Prix Daumesnil, sur 3.000 mètres, Biarritz (M. Lallouet fils) arrive très bonne première.

A Saint-Cloud, le 6 mai, dans le Prix Kalmia, sur 2.800 mètres, Centaure, par Triomphant et La Force, très bien monté par M. Fernand Lallouet, est vainqueur.

Puis, dans le Prix Legoux-Longpré, sur 4.200 mètres, Beaumanoir est battu de très peu par Bémécourt, et Bégonia arrive troisième.

A Mamers, le 7 mai, dans le Prix du Département, sur 3.000 mètres, Bérézina arrive facilement première.

Puis, dans le Prix de la Société d'Encouragement, sur 3.000 mètres, Condé, par Narcisse et Ondoyante, gagne.

A Rouen, le 21 mai, dans le premier Prix du Gouvernement, sur 3.200 mètres, Centaure (M. Lallouet fils) gagne, après une très chaude lutte contre Cœur de Roi, à M. Olry.

A Bourigny, le 28 mai, dans le Prix de la Société d'Encouragement, sur 3.150 mètres, Beaulieu arrive premier.

A Ecouché, le 28 mai, dans le Prix de la Société Sportive d'Encouragement, sur 3.100 mètres, Condé gagne.

Au Neubourg, le 12 juin, dans le Prix de la Société d'Encouragement, sur 3.100 mètres, Champ d'Azur, par Azur et Urutapa, gagne difficilement, après une belle lutte, dans laquelle le jeune jockey Boudeau se montre énergique et gagne sa première course.

A Cherbourg, le 19 juin, dans le Prix Harley, sur 2.000 mètres, Bégonia, monté avec maestria par M. Fernand Lallouet, bat d'une encolure Amen, monté par Jules Basile. Les deux chevaux ont couru en 1' 30".

A Rouen, le 25 juin, dans le Derby des Trotteurs, sur 3.200 mètres, Célibataire arrive bon second.

A Flers de-l'Orne, le 3 juillet, dans le Prix du Conseil général, sur 3.000 mètres, Cabri, par Juvigny et Kamala (M. F. Lallouet), gagne aisément.

Au Neubourg, le 9 juillet, dans le Prix du Derby normand, sur 3.100 mètres, Cuba, par Triomphant et Ursula, gagne en 1' 35".

A Saint-Lô, le 9 juillet, dans le Prix de

Saint-Lô, sur 3.000 mètres, Commandeur, par James Watt et Qualifiée, arrive premier.

Le lendemain, 10 juillet, dans le Prix de la Société des Steeple-Chases de France, sur 3.000 mètres, Commandeur regagne.

A Alençon, le 24 juillet, dans le Prix du Gouvernement, sur 3.000 mètres, Casse Noisette, par James Watt et Quatorze, court en 1' 34", et arrive premier.

Puis, dans le Prix de la Société d'Encouragement, sur 4.000 mètres, Bégonia est premier en 1' 32".

A Bernay, le 6 août, dans le Prix de Croix, au trot attelé, sur 1.700 mètres, en partie liée, Angou, par Pégase et Berganez, trotte en 1' 31" et gagne les deux manches.

A Neufchatel-en-Bray, le 6 août, dans le Prix du Gouvernement, sur 3.200 mètres, Charles Angot, par Fuschia et la Mère Angot, se place premier.

A Caen, le 8 août, dans le Saint-Léger du Demi-Sang, sur 4.000 mètres, Commandeur arrive second.

A Lisieux, le 10 août, dans le Grand Prix de la Ville de Lisieux, sur 4.000 mètres, Commandeur se place de nouveau second.

A La Ferté-Macé, le 14 août, dans le Prix

de la Société d'Encouragement, sur 3.500 mètres, Cuba gagne aisément.

Puis, le 15 août, sur le même hippodrome, Bérézina gagne sans se presser le Prix de Bagnoles, sur 3.000 mètres.

A Dieppe, le 15 août, dans le Prix de Dieppe, sur 3.000 mètres, Commandeur (M. Lallouet fils) gagne.

A Saint-Cloud, le 27 août, dans le Prix de Saintes, sur 3.500 mètres, Casse Noisette, par James Watt et Quatorze, court en 1' 36" et arrive premier après une belle lutte contre Comète, à M. Olry.

Puis, dans le Prix Abrantès, sur 2.800 mètres, Beaulieu arrive premier.

Le 2 septembre, à Saint-Cloud, dans le Prix de Lamballe, sur 3.500 mètres, Beaulieu gagne.

Le 13 septembre, à Saint-Cloud, Citronade (M. F. Lallouet) arrive première.

Au Pin, le 24 septembre, dans le Prix du Merlerault, sur 4.000 mètres, Bégonia arrive second en 1' 33".

A Caen, le 30 septembre, dans le Prix de l'Administration des Haras, sur 4.000 mètres, Bégonia se place second.

A Saint-Cloud, le 16 octobre, dans le Prix Ministère de l'Agriculture, sur 4.000

mètres, Casse Noisette arrive second en 1'36".

Le 11 novembre, à Saint-Cloud, dans le Prix Azur, sur 2.000 mètres, Célibataire (M. Lallouet fils) gagne.

A Vincennes, le 22 novembre, dans le Prix du Revoir, sur 3.200 mètres, au trot attelé, Charles Angot arrive premier.

Les primes de concours départemental sont de 1.550 francs pour les pouliches et de 7.700 francs pour les poulinières. En outre, dans les concours généraux, l'élevage Lallouet reçoit une somme de 27.000 francs.

Les prix de courses avaient rapporté 124.837 fr. 65, et les ventes d'étalons à l'Etat 150.500 francs.

C'est donc une somme totale de 311.587 fr. 65 que le haras de Semallé a fait encaisser en 1905.

ANNÉE 1906

A Vincennes, le 4 février, dans le Prix du Retour, sur 2.400 mètres, Citronade est montée par M. Fernand Lallouet, qui commence la saison par une victoire.

Puis, dans le Prix de Boissy, sur 2.800 mètres, Batavia se place première.

Et dans le Prix de Verneuil, sur 2.400 mètres, au trot attelé, Charles Angot gagne.

Cette journée, malgré le chiffre peu élevé des trois prix gagnés, servit de bon prélude à l'année la plus fructueuse que M. Lallouet ait faite.

Le 11 février, à Vincennes, dans le Prix de Reuilly, sur 2.800 mètres, Batavia gagne.

Le 28 février, à Vincennes, dans le Prix de Joinville, sur 3.200 mètres, Citronade (M. F. Lallouet) gagne.

Le 5 mars, à Vincennes, dans le Prix de Joinville, sur 3.000 mètres, au trot attelé, Charles Angot arrive premier.

Le 17 mars, à Vincennes, dans le Prix des Giboulées, sur 3.000 mètres, Célibataire (M. Fernand Lallouet) court en 1'34" et gagne.

A Saint-Cloud, le 7 avril, dans le Prix Bayadère, sur 2.400 mètres, Dormeuse, par Triomphant et Rêveuse, arrive première en 1'37".

Puis, dans le Prix d'Essai, sur 2.400 mètres, Diogène, par Triomphant et Ellora (M. Fernand Lallouet) trotte en 1'35" et gagne de loin. Destrier, par Triomphant et La Force, se place second.

Et dans le Prix des Fortifications, sur 2.800

mètres, au trot attelé, Charles Angot gagne.

Le 13 avril, à Saint-Cloud, dans le Prix Iris, sur 2.400 mètres, Dangeul, par Juvigny et Querella (M. Lallouet fils), trotte en 1'35" et gagne aisément.

Puis, dans le Prix Hémine, sur 2.400 mètres, Diogène (M. F. Lallouet), gagne très aisément.

A Saint-Cloud, le 28 avril, dans le Prix des Charentes, sur 3.500 mètres, Cyclamen (M. Lallouet fils) arrive première, Bérézina second.

Puis, dans le Prix Bégonia, sur 2.400 mètres, Dangeul (M. F. Lallouet) gagne au petit trot. Destrier est troisième.

Le 12 mai, à Saint-Cloud, dans le Prix Kalmia, sur 2.800 mètres, Drapeau, par Réséda et Ombrage (M. F. Lallouet), gagne de peu.

Puis, dans le Prix Fuschia, sur 2.500 mètres, Dangeul (M. F. Lallouet) gagne brillamment.

A Amiens, le 13 mai, dans le Prix du Gouvernement, sur 4.000 mètres, Bérézina arrive première, Citronade seconde.

Le 24 mai, à Tourcoing, dans le Grand-Prix de Tourcoing, sur 3.100 mètres, Destrier, qui rendait cinquante mètres à ses concurrents, arrive premier.

A Cherbourg, le 3 juin, dans le Prix du Conseil général, sur 4.000 mètres, Batavia gagne.

Puis, dans le Derby du Cotentin, sur 3.200 mètres, Dancourt, par Fuschia et Narcisse, se place second.

A Nonant-le-Pin, le 10 juin, dans le Prix de Diane, sur 3.000 mètres, Dormeuse arrive bonne première.

Puis, dans le Prix du Gouvernement, sur 4.000 mètres, Champ d'Azur arrive premier.

Au Mans, le 17 juin, dans le Prix de la Société d'Encouragement, sur 4.000 mètres, Citronade gagne.

A Saint-Cloud, le 18 juin, dans le Prix du Président de la République, sur 2.800 mètres, Diogène, monté par M. Fernand Lallouet, est premier et Dangeul second, tous les deux en 1'33".

Puis, dans le Prix de la Citerne, sur 3.200 mètres, Canada se place premier et reçoit 2.050 francs.

A Rouen, le 24 juin, dans le Derby des Trotteurs, sur 3.200 mètres, Diogène est battu de très peu par Dirca. Destrier se place quatrième.

Diogène, malgré la montagne de poids qu'il rendait à Dirca, aurait gagné le Derby des

Trotteurs s'il n'avait pas été piqué au pied par le maréchal qui le ferrait. Cet accident lui était arrivé la veille du Prix du Président de la République, qu'il avait gagné quand même, mais bien que son pied eut été soigné, il se ressentit de cet accident sur la dure piste de Rouen.

Au Neubourg, le 1er juillet, Drapeau et Citronade prirent chacun une place de second.

Au Merlerault, le 8 juillet, dans le Prix des Fondateurs, sur 3.000 mètres, Diane, par Juvigny et Pristina, arrive première.

Puis, dans le Derby du Merlerault, sur 3.200 mètres, Diogène n'est pas en pleine possession de ses moyens et n'arrive que second.

Et, dans le Prix de la Société d'Encouragement, Champ d'Azur court en 1' 35" et arrive premier.

A Dozulé, le 14 juillet, dans le Prix du Gouvernement, sur 3.200 mètres, Canada trotte en 1' 35" pour arriver premier.

A Morlaix, le 16 juillet, dans un prix d'épreuves des étalons, Célibataire arrive premier.

A Alençon, le 22 juillet, dans le Prix du Gouvernement, sur 4.000 mètres, Citronade (M. F. Lallouet) arrive première.

Puis, Diogène (M. F. Lallouet) gagne aisément le Derby d'Alençon, sur 3.200 mètres.

Le 23 juillet, à Alençon, Dumont S., par Triomphant et Sepale, gagne le Prix de la Société Sportive d'Encouragament, sur 3.100 mètres.

A Caen, le 7 août, dans le Prix Stuart, sur 5.000 mètres, Citronade, admirablement montée par M. Fernand Lallouet, bat Cymbalier d'une tête. Champ d'Azur est troisième.

Puis, dans le Saint-Léger du Demi-Sang, sur 4.000 mètres, Dangeul (M. Fernand Lallouet), arrive aisément premier.

En plus, comme ayant fait naître Dangeul, M. Lallouet reçoit 250 francs.

A Cabourg, le 14 août, dans le Prix du Home, sur 3.200 mètres, Batavia gagne aisément.

A Courseulles, le 15 août, dans le Prix du Gouvernement, sur 3.000 mètres, Dévergondée, par Fuschia et Isaura, est première.

A Dieppe, le 15 août, dans le Prix de la Société Sportive d'Encouragement, sur 3.100 mètres, Dreux (M. F. Lallouet) arrive premier.

A Pont-l'Evêque, le 17 août, dans le Prix du Gouvernement, sur 4.000 mètres, Bérézina se place première.

Puis, dans le Grand Prix de Pont-l'Evêque, sur 5.000 mètres, Destrier arrive second.

Et Dumont S. gagne le Prix de la Société Sportive d'Encouragement, sur 3.100 mètres.

A Granville, le 19 août, dans le Prix des Dunes, au trot attelé, sur 3.000 mètres, Diaz, par Harley et Rusticana (M. F. Lallouet), arrive premier.

A Saint-Cloud, le 29 août, dans le Prix d'Août, sur 2.800 mètres, Canada est vainqueur.

Le 1er septembre, à Saint-Cloud, dans le Prix Livadie, sur 2.000 mètres, Dangeul gagne facilement malgré les efforts de Dirca, qui est une bonne jument.

A Saint-Cloud, le 8 septembre, dans le Prix de Suresnes, sur 3.200 mètres, Diadème, par Ukase Ier et Souveraine, arrive premier.

Le 10 septembre, à Saint-Cloud, dans le Prix de la Pelouse, sur 4.000 mètres, Batavia arrive première et Bérézina troisième.

Au Pin, le 23 septembre, dans le Prix du Merlerault, sur 4.000 mètres, Dangeul bat Cymbalier.

A Caen, le 28 septembre, dans le Prix du Record, sur 4.000 mètres, Diogène arrive premier.

Le 30 septembre, à Caen, dans le Prix

de la Plaine, sur 3.000 mètres, Célibataire (M. F. Lallouet) gagne en 1' 33" et Diadème arrive troisième.

Puis, dans le Prix de l'Administration des Haras, sur 4.000 mètres, Dangeul fut si bien laissé au poteau de départ qu'il eut 100 mètres de retard. Il n'arriva que troisième, tandis qu'il aurait dû être premier.

Et dans le Prix de la Noé, sur 3.000 mètres, au trot attelé, Charles Angot fut vainqueur.

A Saint-Cloud, le 10 octobre, dans le Prix du Ministère de l'Agriculture, sur 4.000 mètres, Diogène fit une course superbe et très méritante, mais il succomba d'une tête, parce que sur le terrain détrempé par la pluie et défoncé par les courses précédentes, il ne put rendre, dans les dernières foulées de la joute, cinquante livres et même probablement plus à son adversaire Dagobert.

Ce fut un mal pour un bien, car si Diogène avait gagné ce jour là, il eut été vendu d'office pour 20.000 francs à l'Administration des Haras, et c'eût été une perte pour son propriétaire au lieu d'être un bénéfice.

Puis, Charles Angot, dans le Prix Moonlighter, sur 2.000 mètres, courut en 1' 31" et gagna très brillamment.

Diogène a gagné dans cette année			69.751 25
Dangeul	—	—	40.415 »
Dormeuse	—	—	12.905 »
Citronade	—	—	13.715 »
Batavia	—	—	13.600 »

ANNÉE 1907

A Vincennes, le 3 février, dans le Prix de Bayeux, au trot attelé, sur 2.300 mètres, Charles Angot, bien mené par Lelièvre, court en 1' 30" et arrive premier.

Le 10 février à Vincennes, dans le Prix de Menneval, au trot attelé, sur 2.400 mètres, Charles Angot gagne de nouveau en 1' 30".

Ce même jour Bérézina gagne le Prix de Vire, sur 2.800 mètres. Elle court en 1' 35".

A Nice, dans le Prix Nicolas Malutine, sur 1.900 mètres, Charles Angot se place second après avoir couru en 1' 25".

L'habitude de M. Lallouet est de ne commencer sa sérieuse campagne de courses qu'au mois d'avril, c'est-à-dire pour les débuts des chevaux de trois ans. Donc, le 6 avril, à Saint-Cloud, dans le Prix Bayadère, sur 2.400 mètres, Esther, vaillante pouliche, par Ukase Ier et Fauvette II, gagna cette épreuve clas-

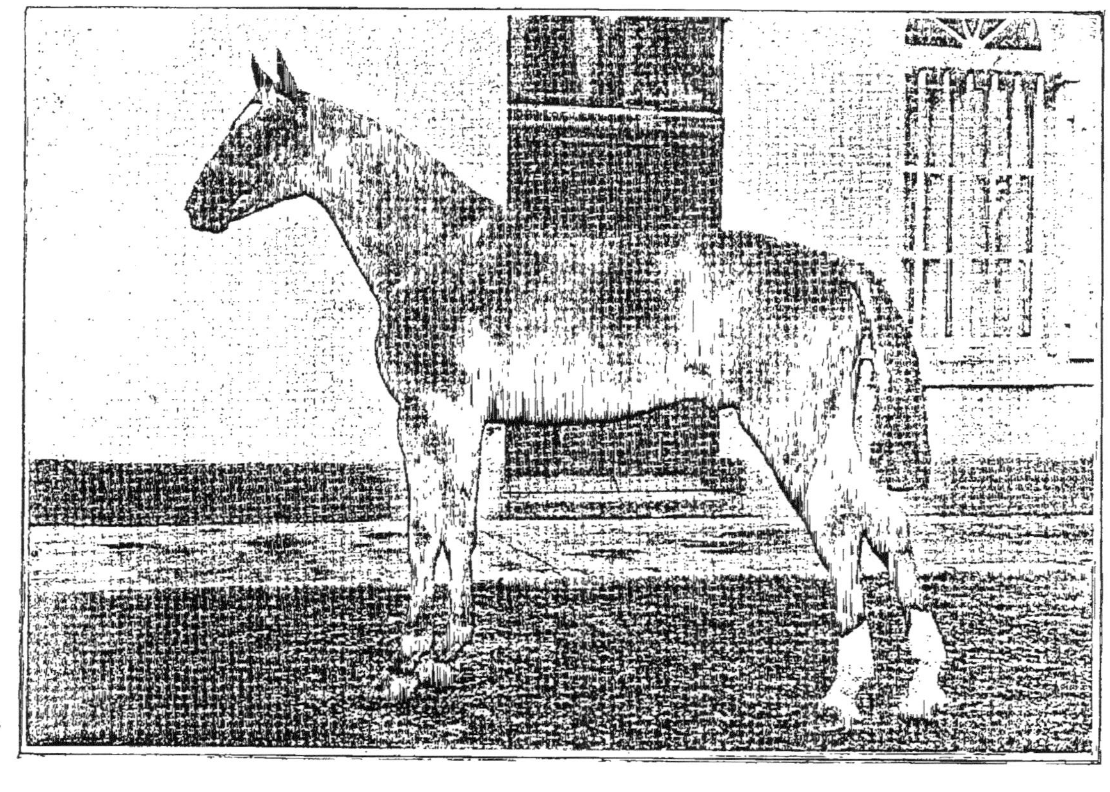

DANGEUL, par Juvigny et Querella.
Etalon au Haras de Semallé.

sique, et Escapade, par Triomphant et Nevada, arriva troisième. L'une reçut 5.325 francs et l'autre 1.500 francs.

Puis, dans le Prix d'Essai, sur 2.400 mètres, Eclaireur, par Hetman et Sadowa, se plaça troisième. Ce poulain aurait dû gagner de loin, car il était l'un des plus vites qu'on put désirer à son âge, mais il avait trop de propensions à prendre le galop et commettait de nombreuses fautes. Pour pouvoir le piloter il fallait être un cavalier émérite et robuste, comme M. Fernand Lallouet.

Ce fils de Sadowa semblait vouloir protester contre les syndiqués de la Société du Cheval de Guerre, qui refuse à nos chevaux trotteurs la faculté de pouvoir galoper. Il a été acquis par l'Administration des Haras et devra bien produire.

Diogène et Dangeul prirent la première et la seconde place dans le Prix Conquérant, sur 2.800 mètres.

Le 5 mai, à Mortagne, dans le Prix de Chère Perrine, sur 3.000 mètres, Epinal, par Senlis et Osmonde, se plaça second.

Puis, dans le Prix Pourquoi-Pas, sur 4.000 mètres, Citronade (M. F. Lallouet) arriva première.

A Saint-Cloud, le 11 mai, dans le Prix

Kalmia, sur 2.800 mètres, Elu, par Trinqueur et Jenny (M. F. Lallouet), prit la seconde place.

Puis, dans le Prix Fuschia, sur 2.500 mètres, Esther arriva première et Dangeul second. Esther gagna ainsi 5.100 francs et Dangeul 2.500 francs.

Le 24 juin, à Saint-Cloud, dans le Prix Harley, sur 2.000 mètres, Dangeul, monté par M. F. Lallouet et portant par cela même 90 kilos, courut en 1' 29" et battit aisément l'excellente jument Dirca qui, malgré ses remarquables courses, n'a jamais pu être devant lui.

Puis, dans le Prix du Président de la République, sur 2.800 mètres, Esther remporta une brillante victoire qui rapporta 35.050 francs et un très bel objet d'art.

A Rouen, le 30 juin, dans le Derby des Trotteurs, sur 3.200 mètres, Esther gagna en 1' 33" et fit encaisser à son maître 27.850 francs.

Puis, dans le Prix de la Cité, sur 4.000 mètres, Citronade (M. F. Lallouet) rendait 25 mètres à Duc et beaucoup de poids. Elle fut battue de très peu et se plaça très bonne seconde.

Il est difficile et rare de gagner avec le même cheval le Prix du Président de la République et le Derby des Trotteurs, parce que ces deux grandes épreuves sont disputées à six jours d'intervalle. Le jeune jockey Boudeau, en montant Esther, a eu cette chance, mais il la doit aux bonnes leçons que M. Fernand Lallouet lui a données.

A Saint-Cloud, le 8 juillet, Dangeul, qui venait de gagner sur 2.000 mètree eu 1' 29", remporta le Prix Legoux-Longpré sur 4.000 mètres en 1' 31'. Ces deux victoires, remportées sur des distances variées, constituent un mérite exceptionnel, et Dangeul a grande chance de devenir un étalon hors de pair, d'autant mieux que son caractère est des plus doux. Je ne suis jamais entré dans son boxe, en compagnie de M. Fernand Lallouet, sans que ce bon cheval soit venu appuyer sa fine et intelligente tête sur l'épaule de son jeune maître.

Au Merlerault, le 14 juillet, dans le Derby du Merlerault, sur 3.200 mètres, Epinal battit Ené-Gocho et Epervier. Il fit encaisser 5.020 francs à la maison Lallouet, plus une caisse de Champagne Rœderer.

A Saint-Cloud, le 19 juillet, dans le Prix de Normandie, sur 4.000 mètres, Epinal, bien monté par Métivier, battit Exmouth et reçut 5.475 francs.

A Alençon, le 22 juillet, dans le Prix de la Société d'Encouragement, sur 4.000 mètres, Diogène (M. F. Lallouet) arriva premier en 1'33", battant de peu Cordélia, qui est une bonne trotteuse.

A Argentan, le 28 juillet, dans le Prix du Conseil général, sur 3.000 mètres, Enchanteur, par Fuschia et Rosière, arriva premier.

Puis, dans le Derby d'Argentan, sur 4.000 mètres, Epinal fut battu de très peu par Edelweis et battit Epervier.

A Sillé-le-Guillaume, dans le Prix de la Société d'Encouragement, sur 3.000 mètres, Echo, par Triomphant et Qualité, arrive premier.

A Lisieux, le 8 août, dans le Prix de la Société d'Encouragement, sur 4.000 mètres, Champ d'Azur est premier.

Puis, dans le Grand Prix de la ville de Lisieux, sur 4.000 mètres, Epinal arrive bon second.

A Courseulles-sur-Mer, le 15 août, dans le Prix du Conseil général, sur 2.800 mètres, Elan, par Triomphant et Uléa, arrive bon premier.

A Pont-l'Evêque, le 16 août, dans le Grand Prix de Pont-l'Evêque, sur 3.400 mètres, Epinal arrive très bon second.

A Saint-Cloud, le 9 septembre, dans le Prix de Neuilly, au trot attelé, sur 3.200 mètres, Estimauville, par Harley et Sapristi, fut vainqueur en 1'37".

Le 14 septembre, à Saint-Cloud, dans le Prix Jacques Olry, sur 3.200 mètres, Dangeul court en 1'29" et gagne aisément pour récolter 5.325 francs en faveur de son maître.

A Caen, le 29 septembre, dans le Prix de l'Administration des Haras, sur 4.000 mètres, Dangeul distança tous ses adversaires et courut en 1' 30".

A Saint-Cloud, le 14 octobre, la piste était fort lourde et les trotteurs pataugeaient dans la boue. Malgré cela, Dangeul distança tous ses adversaires dans le Prix Moonlighter. Il gagna en 1' 32", et aurait pu aller plus vite, malgré que le terrain fut défoncé par les pluies incessantes.

En résumé, cette année 1907, qui ne se présentait pas bien pour l'élevage Lallouet — puisqu'elle n'avait que deux premiers sujets, Esther et Eclaireur parmi ses champions de trois ans, et qu'Eclaireur se mit hors de combat par ses incartades, — s'est bien terminée, les gains en courses se sont élevés à tout près de 200.000 francs.

Ce fut dû à l'entraînement des chevaux, si bien combiné et gradué par M. Fernand Lallouet.

Comme presque toujours, l'élevage Lallouet obtint la première place sur la liste des vainqueurs de l'année, et sur celle des succès individuels la vaillante Esther se trouve avoir gagné 76,825 francs, tandis que le second n'a récolté que 39,840 francs.

CHAPITRE VII

Le Livre d'Or des Poulinières

Si M. Lallouet a pu être en même temps le roi des éleveurs de chevaux de demi-sang, et aussi l'empereur des courses au trot, ainsi que M. Mac Laughlin l'a fait dire par les principaux Américains, après avoir acheté plusieurs élèves du haras de Semallé, qui ont remporté tous les premiers prix dans les concours d'Amérique, c'est à sa jumenterie exceptionnelle qu'il le doit. La race Lallouet, que le grand éleveur a créée, est tellement supérieure aux autres, qu'elle peut leur rendre aisément trente et même quarante livres. Le fait est incontestable.

Voilà pourquoi nous allons donner tous nos soins au Livre d'or des Poulinières, mortes ou vivantes, qui ont formé et fixé cette admirable race, laquelle, dès à présent, pourrait être constituée en grande famille de trotteurs pur sang français.

La sélection, comme on le verra, a été faite très judicieusement depuis plus d'un siècle.

IDA II, par William, pur sang, et Ida Ire, par Basly, demi-sang, était de couleur bai-marron, avec deux balzannes postérieures ; taille : 1 m. 59.

Elle naquit le 11 mai 1858, et mourut à Semallé en 1880.

Sa grand'mère était fille d'Impérieux, célèbre demi-sang ; sa bisaïeule était fille d'Ardrossan, demi-sang anglais ; sa trisaïeule était fille de Snail, pur sang ; sa quadrisaïeule provenait de Séduisant, demi-sang; son ascendante au cinquième degré était fille d'Alérion, cheval anglais, présumé pur sang ; son ascendante au sixième degré était fille de Le Parfait, étalon anglais, présumé pur sang.

Elle ne se présenta pas en courses, mais au concours de Caen, en 1875, elle remporta un premier prix et reçut 800 francs avec une médaille d'or.

En 1876, au concours de Rouen, elle obtint un rappel de premier prix.

Parmi ses produits, citons Ultimatum, par Kaolin, pur sang; ce beau cheval fut vendu comme étalon à l'Administration des Haras.

IMPÉRIEUSE II, par Utrecht et Impérieuse Ire, par le beau demi-sang Pledge, de couleur bai-clair, naquit à Montigny (Sarthe) le 24 mai 1860 et mourut en 1885.

Sa grand'mère, Germania, était par Impérieuse, demi-sang ; sa bisaïeule, Amanda, était fille de Sylvio, pur sang ; sa trisaïeule provenait de Jaggard, demi-sang anglais; sa quadrisaïeule était par Buffalo, demi-sang anglais; son ascendante au cinquième degré provenait d'Edgard demi-sang ; son ascendante au sixième degré était fille de King, demi-sang.

Elle ne courut pas.

En 1875, au concours de Blois, elle obtint un prix extraordinaire, avec 1.000 francs et une médaille d'or.

A Alençon, elle eut un premier prix et 500 francs.

A Caen, elle fut primée de 700 francs.

Chaque année, jusqu'en 1882, elle fut primée à Alençon.

A Paris, lors de l'Exposition universelle de 1878, elle eut un deuxième prix et 600 francs, avec une médaille d'argent.

Elle produisit deux très beaux chevaux vendus à l'Administration des Haras, comme étalon. Tous les deux par Niger.

ALPHÉRIE, baie châtain, taille 1 m. 59, par Fitz Pantaloon, pur sang, et Ida II, par William, pur sang, naquit à Montigny, le 20 août 1863 et mourut en 1882.

Sa grand'mère était Ida Ire, dont nous avons parlé; sa bisaïeule provenait d'Impérieux, demi-sang; sa trisaïeule d'Ardrossan, demi-sang anglais; sa quadrisaïeule de Snail, pur sang; son ascendante au cinquième degré de Séduisant, demi-sang; son ascendante au sixième degré d'Alérion; son ascendante au septième degré de Le Parfait.

Au concours de Blois, en 1895, elle eut un premier prix et reçut 500 francs avec une médaille d'argent.

A Alençon, elle fut primée tous les ans jusqu'en 1881.

Sa production fut très remarquable et commença la série des succès de l'élevage Lallouet.

Avec l'étalon Elu, elle donna une superbe pouliche nommée Esmeralda, qui dans les concours obtint 6.900 francs de primes.

Avec Niger, elle produisit Valencourt, qui gagna 37.350 francs en prix de courses et obtint le premier prix comme étalon de demi-sang à l'Exposition universelle de 1889.

Avec Quiclet, elle eut Rosamonde, qui fut primée de 9.400 francs dans les divers concours.

Avec Serpolet Bai, elle donna Beaujeu, qui fut vendu comme étalon à l'Administration des Haras.

LA BLOSSERIE, par Bassompierre et Ida II, par William pur sang, naquit le 26 mars 1867 dans la ferme qui porte son nom. Elle était de couleur baie brune ; taille 1 m. 61.

Elle ne prit pas part aux courses, fut primée deux fois à Alençon et une fois à Paris et mourut jeune en 1878.

Elle ne donna que deux produits, l'un avec Niger, qui ne courut pas et fut vendu comme étalon pour l'Italie, l'autre avec Phaéton, qui fut appelé Vert Galant et gagna 21.720 francs en prix de courses.

ÉCOLIÈRE, née à Montigny, le 25 février 1869, morte en 1886. Elle était par Extase, demi-sang, et Thérésa, par Homère, demi-sang, ou Destin, demi-sang. Sa couleur était baie marron ; sa taille 1 m. 61.

Elle ne courut pas, mais produisit de très

beaux chevaux et une superbe jument nommée Dora, dont nous aurons à reparler comme poulinière.

Par sa bisaïeule Ida Ire, elle remontait à Impérieux, Androssan et Séduisant, demi-sang de premier ordre, et aux excellents pur sang Snail, Alérion et Le Parfait.

Elle fut primée 6 fois à Alençon, 1 fois à Caen et 2 fois à Paris, dont une fois en 1878, lors de l'Exposition universelle, où elle obtint un 2e prix, 600 francs et une médaille d'argent.

Elle eut l'honneur de produire Glorieuse, dont nous aurons à parler.

Avec Niger, elle produisit un très beau cheval, nommé Uvernet, qui fut vendu à l'Administration des Haras, et une admirable jument nommée Dora, qui ne gagna que 300 francs en courses, mais qui obtint 9.350 francs de primes dans les concours.

Avec Phaéton, elle donna un poulain nommé Etudiant, qui fut acquis par les inspecteurs des Haras.

ROSIÈRE, née le 15 mai 1872, à Roullée (Sarthe), chez M. Clogenson, fut donnée en 1899 à M. Roger, propriétaire à Aunou-le-Faucon (Orne).

Elle était grise mouchetée et semblait avoir parmi ses ascendants une bonne dose de sang syrien. Sa taille, très bien proportionnée, ne dépassait pas 1 m. 55.

Son père se nommait Condé, demi sang, et sa mère Fortunée, par The Norfolk Phœnomenon.

M. Lallouet sut la distinguer et l'acquérir. Il s'en trouva on ne peut mieux, comme nous allons le voir.

Elle ne courut pas, mais reçut 26 primes dans les différents concours auxquels elle prit part.

Très prolifique, elle donna 14 produits, dont les principaux furent Dancourt, par Serpolet Bai ; puis Elan, par Serpolet Bai aussi.

Ses deux meilleures pouliches furent Isaura et Plaisance.

Dancourt, après avoir gagné 19.875 francs en prix de courses, fut vendu comme étalon aux Haras d'Espagne.

Elan fut vainqueur dans le Derby de Rouen, gagna 48.880 francs en courses et fut vendu 20.000 francs en 1886.

Isaura gagna 11.300 francs en courses et devint poulinière à Semallé. Nous l'y retrouverons.

Plaisance, après avoir récolté 11.760 francs

sur les hippodromes, resta comme poulinière sur les herbages où elle était née. Nous aurons donc à parler d'elle.

GLORIEUSE, née le 18 mars 1873, à Montigny, superbe jument alezane dorée avec trois balzanes, était fille de Séducteur, demi-sang, et d'Ecolière, par Extase. Sa taille était de 1 m. 60.

Nous allons indiquer son origine jusqu'au neuvième degré. Sa grand mère Thérésa était par Homère ou Destin ; sa bisaïeule Brillante, par Jéricho, demi-sang ; sa trisaïeule Ida Ire, par Basly, demi-sang ; sa quatrisaïeule, par Impérieux, demi-sang ; son ascendante au 5e degré, par Androssan, demi-sang anglais ; son ascendante au 6e degré, par Snail, pur sang ; son ascendante au 7e degré, par Séduisant, demi-sang ; son ascendante au 8e degré, par Alérion, pur sang anglais ; son ascendante au 9e degré, par Le Parfait, pur sang anglais.

Elle ne se présenta pas en courses, mais elle fut primée 33 fois dans les concours, et fit encaisser ainsi 17.350 francs, 8 médailles d'or et 4 médailles d'argent.

A l'Exposition Universelle de 1878 à Paris, elle obtint le second prix, et à celle de 1889 le premier.

Parmi les quinze produits qu'elle donna, il faut citer Cascade, par Serpolet Bai, qui gagna 21.088 francs en courses.

Diogène, par Phaéton qui, après avoir été primé de 1.450 francs et avoir gagné 2.190 francs en courses, eut l'honneur d'être vendu comme étalon pour l'Angleterre.

Escapade, par Phaéton, qui obtint 9.600 francs de primes et récolta 6.350 francs sur les hippodromes ;

Finlande, par Phaéton, la plus belle jument de demi-sang qui ait jamais paru, et qui gagna 53.892 fr. 50 sur les champs de courses et 3.500 francs dans les concours.

Gérance, par Phaéton, qui récolta 13.600 francs dans les concours et 28.750 francs dans les courses.

La fortune, que par son travail incessant M. Lallouet a trouvée dans son élevage et dans les courses au trot, a eu pour double source les deux poulinières Glorieuse et Rosière, l'une qu'il avait fait naître, l'autre qu'il avait su acheter.

C'est un fait d'une évidence indiscutable. Il mérite d'être cité comme exemple à tous les travailleurs hippiques.

ESMERALDA, taille 1 m. 62, robe baie châtain, naquit le 30 avril 1875, à Montigny, et mourut en 1894, à Semallé.

Elle était fille d'Elu, demi-sang, et d'Alphérie, par Fitz Pantaloon, pur sang. Nous avons déjà donné le pedigree de cette famille d'élite.

Esmeralda ne courut pas, mais elle fut primée 18 fois dans les concours.

Parmi sa production, elle eut Ida III, qui obtint 3.900 francs de primes et gagna 7.365 francs sur les hippodromes. Elle fournit deux étalons à l'Administration des Haras, eut une pouliche vendue aux Américains et un poulain vendu à M. Marcillac

JULIANA, baie châtain, taille 1 m. 59, naquit le 14 avril 1875, à Montigny, et mourut en 1895.

Elle était par Elu, demi-sang, et Voyageuse, par Gaulois, demi-sang, et Brillante, dont nous avons indiqué l'origine de tout premier ordre.

Sa production fut des plus remarquables, puisqu'elle donna, avec Phaéton, la légendaire Ellora, qui gagna 34.270 francs, et a produit le triomphateur Diogène.

En outre, Juliana produisit Fauvette II,

l'une des meilleures poulinières de Semallé, ainsi que nous le verrons en parlant d'elle.

KITTY, par Kaolin, pur sang, et Ida II, par William, pur sang, jument baie châtain, taille 1 m.62, naquit à Montigny, le 11 mai 1877, fut vendue en 1883.

Sa parfaite origine nous est connue. Inutile d'y revenir puisque nous l'avons donnée en parlant de sa mère, Ida II.

Elle ne courut qu'une fois et gagna 500 francs.

Chez M. Lallouet, elle ne produisit que Dwina, par Serpolet Bai, mais cette Dwina, très belle jument, obtint 9.100 francs dans les concours et gagna 9.655 fr. 50 dans les courses. Puis elle fut conservée à Semallé comme poulinière.

ROSAMONDE, baie châtain, taille 1 m. 59, née le 25 avril 1878, à Montigny, donnée, en 1899, à M. Gizard, de La Fresnaye, était par Quiclet, demi-sang, et Alphérie, par Fitz Pantaloon, pur sang.

Au Concours Hippique de Nantes, en 1881, elle reçut 300 francs après avoir pris part à une course au trot.

Dans les concours, elle fut très remarquée,

primée 22 fois et reçut 7 premiers prix, une prime d'honneur et un deuxième prix comme jument de selle.

Dans sa production, l'on trouve quatre chevaux vendus comme étalons à l'Administration des Haras, et une jument nommée Giselle, par Phaéton, qui gagna 8.693 fr. 50 sur les hippodromes.

Saillie par le pur sang Krakatoa, elle donna un très beau poulain qui fut distingué et acheté par les inspecteurs des Haras.

LA FONTAINE, baie zain, taille 1 m. 59, naquit à Semallé (Orne), le 20 avril 1879, et y mourut en 1902.

Élle était par Niger, demi-sang, et Indépendante, par Trouville, pur sang; et petite-fille d'Alphérie, par Fitz Pantaloon, pur sang, dont nous avons tracé déjà la fashionnable origine.

En courses, elle gagna 4 premiers prix et 4.620 francs d'argent public.

Dans les concours, elle fut primée sept fois.

Parmi sa production, nous trouvons Pégase, par Fuschia, beau et bon cheval qui, après avoir gagné 27.873 fr. 50, fut acquis par les Haras au prix de 20.000 francs.

Malheureusement, elle resta dix fois vide.

Un de ses produits, Isladi, par Valdempierre, fut acheté par les Américains.

IDA III, baie brune, née à Semallé, le 12 mai 1879, y mourut en 1902. Elle était par Niger et Esmeralda, par Alphérie.

Elle gagna en courses 7.365 francs, et fut primée 15 fois dans les concours.

Sa production a fourni six étalons aux Haras français, et sept de ses produits ont gagné des courses.

Le meilleur fut Royal, par Cherbourg. Il fut primé de 800 francs au concours d'Alençon, en 1895, et récolta 10.065 francs dans les courses.

DORA, alezane dorée, taille 1 m. 61, née le 5 mai 1881, à Semallé, morte en 1895, était fille de Niger et Ecolière.

Son origine était parfaite, puisqu'elle se rattachait à Ida Ire.

En courses, elle ne figura qu'une seule fois, pour recevoir 300 francs, dans l'épreuve des pouliches primées ; mais elle obtint la prime d'honneur qui, dans sa carrière de sculpturale poulinière, fut suivie de vingt autres distinctions.

Deux de ses produits devinrent étalons dans

nos Haras nationaux. L'un d'eux, Jolibois, par Cherbourg, gagna 14.131 fr. 50 en courses.

DWINA, baie châtain foncé, taille 1 m. 62, naquit le 8 mai 1881, à Semallé, et y mourut en 1902. Elle était par Serpolet Bai et Kitty, par Kaolin, pur sang.

Elle avait pour bisaïeule Ida Ire, c'est-à-dire la perle des poulinières de demi-sang.

Elle gagna en courses 9.655 fr. 50.

Dans les concours, elle fut primée vingt fois.

Sa production ne fut pas ce qu'elle aurait dû être, car elle resta vide six fois et eut quatre fois des produits morts; mais l'une de ses filles, La Force, par Cherbourg, gagna 11.130 francs en courses et devint belle poulinière à Semallé; deux de ses poulains furent achetés par l'Administration des Haras.

ESCAPADE III, alezane un peu rubicanée, taille 1 m. 60, naquit à Semallé, le 20 août 1882, et y mourut en 1899; était fille de Phaéton et Glorieuse.

Elle gagna en courses 6.350 francs et fut primée 22 fois dans les concours.

Comme poulinière, elle s'est illustrée par les trois excellentes juments : Osmonde, Redowa et Sylvia; mais elle demeura vide cinq fois et eut quatre produits morts.

ÉTOILE, alezane, taille 1 m. 65, née à Semallé, le 27 avril 1882, est fille de Phaéton et Impérieuse.

Elle obtint 13 primes dans les concours.

Sa production n'eut rien de bien saillant, mais elle fournit néanmoins deux étalons aux Haras et un à l'Amérique. Elle resta vide neuf fois et eut trois produits morts.

On peut voir par là que tout n'est pas semé de roses dans la carrière d'un grand éleveur.

ELLORA, baie brune, taille 1 m. 60, née le 28 avril 1882, était fille de Phaéton et de Juliana.

Elle avait pour trisaïeule Ida Ire. C'est tout dire sur la distinction de son origine, où l'influence du pur sang domine. Voilà ce qui lui permit de triompher dans des luttes très dures et très prolongées. Son courage était à toute épreuve.

Elle courut en 1' 34", sur 4.000 mètres.

Ses gains de courses s'élevèrent à 34.270 francs. Elle aurait gagné plus de 200.000 francs, si les allocations eussent été, à son époque, aussi considérables qu'aujourd'hui.

C'était une vaillante entre toutes.

Fatiguée par les courses, elle demeura vide quatre ans de suite, et ce ne fut qu'en 1903 qu'elle donna un très remarquable poulain, Diogène, par Triomphant. C'est assez pour suffire à sa gloire comme poulinière; mais, entre temps, elle avait fourni trois étalons à l'État français et un aux Haras suisses.

L'année même où Diogène s'illustrait sur les hippodromes en gagnant 69.751 fr. 25 de prix de courses, en 1906, la brave Ellora, sa mère, mourait à Semallé.

ÉGLANTINE, Baie, taille 1 m. 60, était par Serpolet bai, demi-sang, et Florence. Elle naquit à Semallé, le 19 mai 1882.

Sa grand'mère était Impérieuse II, dont nous avons eu l'occasion d'indiquer la haute origine.

Elle gagna 1.145 francs en courses et fut primée 18 fois dans les concours.

Parmi sa production, il faut citer Java, par Phaéton, qui fit encaisser 11.447 fr. 50 par ses prix de courses, et Mandarine III, par Cicéron II, qui récolta 12.825 francs sur les hippodromes.

FAUSTINE, baie châtain, taille 1 m. 59, par Serpolet Bai et Ranjaimé, par Kaolin, pur sang, naquit à Lignières (Sarthe) chez M. Jules Hubert.

Elle gagna 13.476 francs en courses et remporta 18 primes dans les concours.

Sa production fut bonne. Elle a fourni trois étalons aux Haras français et l'un d'eux, Portici, a donné des sujets remarquables. Mais son meilleur produit, pour le haras de Semallé, fut Qualifiée, qui, après avoir gagné 13.342 francs en courses, est restée comme poulinière sur le sol natal.

FINLANDE, alezane dorée, taille 1 m. 64, par Phaéton et Glorieuse, fut la plus belle et la plus élégante jument de demi-sang qu'il m'ait été donné d'admirer, comme Clémentine et Augusta étaient les deux reines des pur sang de l'immortel comte de Lagrange.

Née à Semallé, le 10 avril 1883, elle y mourut en 1903.

Sa carrière de courses fut des plus brillantes, à trois ans. Elle gagna 53.892 fr. 50.

Mais, comme poulinière, elle fit le désespoir de son maître. Malgré tous les moyens employés pour la faire retenir, elle resta vide de 1887 à 1902. M. Lallouet eut l'heureuse idée d'avoir recours à la fécondation artificielle, et l'essai réussit. Ce fut Clamart, le pur sang qui avait été vainqueur dans le Grand Prix de Paris, en 1891, qui fournit la liqueur fécondante. Il en résulta une belle jument nommée à juste titre Désidérata, et qui a produit une belle pouliche, vers le 10 mai 1907.

Il sera intéressant de suivre les résultats de cette expérience.

FAUVETTE II, baie châtain, taille 1 m. 62, née le 26 avril 1883, à Semallé, était fille de Phaéton et de Juliana, c'est-à-dire de toute première origine, qui nous est déjà connue et n'a pas besoin d'être rappelée.

Elle gagna en courses 13.445 francs et fut primée 17 fois dans les concours.

Sa production a été des plus remarquables. En 1891, elle a donné Narcisse, par Cherbourg, qui, après avoir gagné 28.682 fr. 50 en courses, est devenue la plus belle poulinière de France; les premiers prix remportés par elle dans les principaux concours en font foi.

En 1893, elle a produit Pristina, par Fuschia qui a récolté 14.170 francs sur les hippodromes et est maintenant l'une des bonnes poulinières de Semallé.

En 1894, elle a mis au jour Querella, mère de l'illustre Dangeul.

En 1897, elle a produit Torrent, par Fuschia,

qui, importé en Amérique, a fait l'admiration de tous les éleveurs Yankees.

En 1899, elle a donné Valencourt, par Fuschia, qui commença par gagner 41.694 fr. sur les champs de courses et a été ensuite acquis par les inspecteurs des Haras.

En 1901, elle a mis bas Bérézina, qui a gagné 15.165 francs en courses et dont le record est de 1' 33".

Puis, en 1904, elle a produit Esther, par Ukase Ier ; cette Esther est l'une des plus vaillantes juments de demi-sang qui aient paru. Elle a réussi à réaliser le double succès d'arriver première dans le Prix du Président de la République, à Saint-Cloud, et première six jours après dans le Derby des Trotteurs, à Rouen.

Hélas ! brave Fauvette, tu te fais vieille, mais malgré cela tu ne renonces pas à être encore bonne mère, et qui sait, peut être le dieu du sport te favorisera-t-il et voudra-t-il te faire donner encore quelques bons produits ? C'est la grâce que je te souhaite, comme pourrait dire le grand prêtre de l'élevage.

GISELLE, baie chatain, taille 1 m. 60, née à Semallé le 23 avril 1884, morte en 1898, était fille de Phaéton et Rosamonde.

Elle gagna en courses 8.693 fr. 75 et fut primée comme pouliche au Pin. Elle a fourni deux étalons à nos Haras nationaux.

GÉRANCE, alezane foncée, taille 1 m. 62, naquit le 15 juin 1884 à Semallé et y mourut en 1905. Elle était fille de Phaéton et de Glorieuse.

Malgré le grand désavantage d'être née fort tard, elle gagna brillamment le Derby des Trotteurs, à Rouen, et ses gains de courses s'élevèrent à 28.750 francs.

Dans les concours, elle fut primée 22 fois. Au Pin elle eut la prime d'honneur des pouliches, en 1887 ; à Paris, lors des expositions universelles de 1889 et de 1900 elle fut admirée et primée. Dans les concours régionaux elle obtint six premiers prix et six médailles d'or. A Paris, en 1900, son premier prix lui valut une septième médaille d'or.

Batavia, par Sébastopol, a été son meilleur produit et a gagné 21.662 fr. 50 en courses.

ISAURA, grise pommelée, taille 1 m. 60, par Beaugé et Rosière, est née à Semallé en 1886.

Elle a gagné en courses 11.310 francs et a été primée 15 fois dans les concours.

Elle a produit Ukase Ier, par Fuschia, et Amaryllis, par Fuschia.

Ukase Ier, vainqueur du Derby de Rouen, en 1898, après avoir gagné 37.330 francs, a été acquis comme étalon par l'Etat français et a déjà produit la très remarquable pouliche Esther.

Amaryllis a gagné 11.342 fr. 50 et est poulinière à Semallé.

KŒCY, alezane foncée, taille 1 m. 62, née chez M. Marchand, éleveur à Chassé (Sarthe), le 29 avril 1888, par Beaugé et Malvina, gagna 16.220 francs en courses, fut primée sept fois dans les concours, obtint cinq mentions honorables et a produit Aurore, par Fuschia qui, après avoir récolté 21.335 fr. 75 sur les hippodromes, est devenue poulinière à Semallé.

LA FORCE, baie, taille 1 m. 70, par Cherbourg et Dwina, née le 2 avril 1889, à Semallé, a cinq fois des étalons de pur sang dans son origine, en la faisant remonter jusqu'au neuvième degré.

Elle gagna 11.130 francs en courses et courut en 1' 38" dans le Derby d'Alençon, sur 3.200 mètres.

Elle a été primée dix-neuf fois dans les

concours. En 1892, elle a eu la prime d'honneur au Pin, et en 1900, à l'Exposition universelle de Paris, elle a remporté le premier prix avec une médaille d'or.

Trois de ses produits sont étalons dans nos Haras nationaux. Ses deux meilleurs poulains ont été Vulcain, par Quibus, et Destrier, par Triomphant.

Vulcain a gagné en courses 43.830 francs, et Destrier 16 497 francs.

MANDARINE III, baie chatain, taille 1 m. 64, par Cicéron II et Eglantine, est née le 28 avril 1890, à Semallé.

Ses gains de courses furent de 12.825 francs. Elle obtint 18 primes dans les concours, dont un premier prix de dressage en 1894.

Elle a produit Rebecca, par Juvigny, qui, après avoir récolté 4.400 francs dans les concours et 9.570 francs dans les courses, est devenue poulinière à Semallé; puis Becherel, par Narquois, qui a gagné 15.588 fr. 50 sur les hippodromes et a été acheté par les inspecteurs des Haras français; et Citronade, par Sébastopol, qui a couru en 1' 33" et a gagné près de 20.000 francs en courses.

MONITA, baie marron, taille 1 m. 64, par Cicéron II et Sultâne, par Gaulois, née à

Chassé (Sarthe), chez M. Marchand, le 18 mai 1890, a pour bisaïeule une fille de Tipple Cider, pur sang.

Elle a gagné en courses 15.159 fr. 50.

Dans les concours, elle débuta par recevoir la prime d'honneur au Pin, en 1893 ; ce fut le prélude de seize autres récompenses.

Parmi sa production, il faut signaler Vénus, par Fuschia, qui gagna 50.467 francs, et Béatrix, qui récolta 6.020 francs.

Toutes les deux sont de belles poulinières au haras de Semallé.

NARCISSE, baie châtain clair, taille 1 m. 61, par Cherbourg et Fauvette II, naquit le 26 avril 1891, à Semallé.

Elle a gagné 28.662 fr. 50 en courses. Son record est de 1'37".

Dans les concours, elle a triomphé vingt fois, savoir : en 1894, prime d'honneur des pouliches, au Pin ; douze primes au concours départemental d'Alençon ; trois premiers prix dans les concours régionaux ; un premier prix à l'Exposition universelle de 1900 ; un premier prix au Concours central, à Paris, en 1905 ; un second prix au Concours central, à Paris, en 1906, et un premier prix au même Concours central, à Paris, en 1907.

En outre, cinq médailles d'or et une médaille d'argent.

En 1896, elle a produit Sadowa, par Fuschia, qui gagna 6.375 francs en courses et est poulinière à Semallé.

En 1897, elle a mis bas Triomphant, par Fuschia. C'est un superbe et très bon étalon, que M. Lallouet a conservé à Semallé.

En 1900, elle a donné Alérion, par Fuschia. Ce beau poulain, après avoir gagné en courses 28.531 francs et avoir trotté en 1'32", a été acheté comme étalon par les Haras français.

En 1902, elle a produit Cyclamen, par Fuschia, qui a gagné 6.925 francs et qui est poulinière à Semallé.

En 1903, elle a donné Dancourt, par Fuschia. Ce Dancourt est superbe et a couru en 1'40" dans la seule épreuve où il ait paru à trois ans, mais il avait une jambe un peu sensible et M. Lallouet le vendit. Il a obtenu un prix comme étalon au Concours central de Paris, en 1907.

NOMADE, baie châtain, taille 1 m. 61, née le 6 mai 1891, à Saint-Léger-sur-Sarthe, chez Mme veuve Drouin, est fille de Fuschia et Fleurette.

Dans son origine, en remontant au cinquième degré, l'on trouve parmi ses aïeux, du sexe mâle, deux pur sang et deux fils de pur sang.

Elle a gagné en courses 16.765 francs et a reçu 16 primes dans les concours.

En 1896, elle a produit Stuart, par Juvigny, qui gagna 43.415 francs en courses et fut acheté par l'Administration des Haras, après avoir été vainqueur dans le Prix du Ministère.

En 1900, elle a donné Amaranthe, par Juvigny, et en 1901, Biarritz, par Juvigny.

Amaranthe a gagné en courses 18.305 francs et Biarritz 8.623 fr. 50. Ces deux belles juments sont poulinières à Semallé. Biarritz a trotté en 1'34".

NUBIENNE, baie châtain clair, taille 1 m. 67, par Cherbourg et Eglantine, est née à Semallé, le 12 mai 1891.

Elle n'a pas couru, mais elle a fait l'admiration de tous les connaisseurs dans les concours où elle s'est présentée.

Primée dix fois dans l'Orne, elle l'a été dans quatre concours régionaux, mais c'est à Paris que ses triomphes ont eu le plus d'éclat.

En 1900, à l'Exposition universelle, elle obtint trois médailles d'or, savoir : une avec 1.200 francs pour le premier prix dans sa catégorie, une avec 1.500 francs pour le Championnat, et une autre avec 2,500 francs pour le Grand Prix d'honneur.

Au Concours central de 1905, elle eut le premier prix avec une médaille d'or, et en 1906, de nouveau le premier prix accompagné d'une médaille d'or.

Mais elle a été poursuivie par la mauvaise chance dans sa production. Après avoir avorté en 1895, elle a eu quatre produits morts-nés et a été vide cinq fois, mais en 1905 elle a eu un beau poulain, par Triomphant, et en 1907 elle a été saillie par Beaumanoir.

OSMONDE, baie châtain, taille 1 m. 59, née à Semallé, le 30 avril 1892, est fille de Fuschia et d'Escapade III, qui était par Phaéton et Glorieuse.

Elle a gagné dans sa troisième année 76.781 fr. 25. Son record est de 1'37".

Dans les concours, elle a obtenu 14 primes.

En 1897, elle a produit Toison d'Or, par Harley, qui a gagné 19.410 francs en courses et est poulinière à Semallé.

PASTOURELLE, baie, taille 1 m. 64, par Cherbourg et Glorieuse, née à Semallé, le 16 avril 1893, est d'aspect sculptural, mais tourne trop au genre carrossier. C'est probablement ce qui fait qu'elle n'a pu prendre part aux courses, mais elle s'est rattrapée dans les concours, où elle a remporté 18 primes.

Nous croyons qu'avec l'étalon Triomphant elle pourrait donner quelque bon produit.

PLAISANCE, baie brune zain, taille 1 m. 61, par Fuschia et Rosière, née à Semallé, le 17 avril 1893, a gagné 11.760 francs en courses et a été primée 15 fois.

En 1896, au Pin, elle eut la prime d'honneur des pouliches. A Paris, à l'Exposition universelle de 1900, elle obtint un premier prix et une médaille d'or.

Elle compte, parmi sa production, Azur, par Juvigny, et ce bon et beau cheval suffit à la mettre au rang des poulinières d'élite.

Azur trotta en 1' 30", gagna 79.012 fr. 50 c. en prix de courses et fut payé 40.000 francs par l'Administration des Haras.

QUERELLA, alezane, taille 1 m. 62, née à Semallé, le 24 mai 1894, fille de Fuschia et Fauvette II, n'a pas été présentée en courses, mais sa haute lignée, que nous pourrions retracer jusqu'au dixième degré, si nous n'avions déjà établi ce travail pour ses parentes maternelles, a fait d'elle une poulinière hors ligne, puisqu'elle a pu produire Dangeul, le meilleur et le plus distingué trotteur qui ait encore paru, ainsi que nous l'avons démontré en parlant de lui.

Ce fut par une prescience et un coup d'œil d'éleveur très sûr de lui-même, que M. Lallouet donna à cet admirable poulain le nom de la localité où il est né et où son père avait vu le jour.

Dangeul a la peau aussi fine que le plus distingué des pur sang, et il peut faire souche d'une race de pur sang trotteur français si l'on veut s'en donner la peine.

C'est mon intime conviction que j'exprime ici, et, d'après les progrès déjà acquis parmi les demi-sang d'élite, mon idée est parfaitement réalisable.

QUALIFIÉE, alezane, taille 1 m. 62, fille de Fuschia et Faustine, est née le 13 mars 1894, à Semallé. Dans son pedigree poussé jusqu'au cinquième degré, on trouve trois étalons de pur sang.

Elle a gagné 17.342 francs en courses et remporté 12 primes dans les concours.

Jusqu'à ce jour, son meilleur produit a été Commandeur, par James Watt, mais il est probable qu'elle n'a pas dit son dernier mot de poulinière, digne de figurer au haras de Semallé. Ce Commandeur a gagné 12.653 francs en courses et est devenu étalon dans nos Haras français.

PRISTINA, baie châtain, taille 1 m. 59, née à Semallé, le 10 avril 1895, est fille de Fuschia et Fauvette II.

Elle a gagné 14.170 francs en courses et a obtenu la prime d'honneur des pouliches, au Pin.

Elle n'a pas eu de chance jusqu'ici comme poulinière, car elle a été vide quatre fois et a eu trois produits morts.

En 1902, elle a donné Canada, par Sébastopol. Ce Canada a gagné 5.825 francs en courses et a trotté en 1' 35".

RÊVEUSE, alezane dorée, taille 1 m. 62, née le 27 avril 1895, à Saint-Léger-sur-Sarthe, chez M. Louis Fleury, est fille de Fuschia et Minute, par Phaéton.

Elle a gagné 2.470 francs en courses. Dans les concours, elle a brillé, puisqu'elle y a remporté 16 primes, dont plusieurs bien marquantes, telles que la prime d'honneur des pouliches, en 1898, au Pin; le premier prix au concours régional de l'Orne; le deuxième prix à l'Exposition universelle de 1900, et le premier prix au Concours central de Paris, en 1906.

En 1903, elle a produit Dormeuse, par Triomphant, qui a couru en 1' 37", a gagné 12.905 francs, dans sa troisième année, sur les hippodromes, et a été retirée de l'entraînement pour remplir son rôle de poulinière à Semallé.

REDOWA, alezane, taille 1 m. 59, née à Semallé le 16 février 1895, est fille de Fuschia et Escapade III.

Elle a gagné 59.640 francs en courses, dans sa troisième année, et son record a été de 1' 35".

Dans les concours, elle a obtenu 15 primes, parmi les plus honorables et les plus fructueuses; mais, jusqu'à présent, elle n'a pas eu de chance comme poulinière.

REBECCA, noire, légèrement rubicanée, taille 1 m. 65, née le 1er juin 1895, à Semallé, morte en 1904, était fille de Juvigny et de Mandarine III.

Elle gagna 9.570 francs dans les courses et obtint 8 primes dans les concours.

En 1901, elle produisit Bégonia, par Fuschia, qui gagna 47.076 fr. 25 en courses et est devenu étalon dans nos Haras nationaux.

SEPALE, baie brune rubicanée, taille 1 m. 65, née à Semallé, le 3 avril 1896, est fille de Juvigny et Dwina.

Elle n'a pas couru, mais elle a reçu 11 primes dans les concours.

En 1900, elle a produit Aragon, par Quiconque, et cet assez bon poulain a gagné 10.296 fr. 50. Il a un record de 1' 35''.

En 1903, elle a donné Dumont S., par Triomphant, et ce Dumont S., qui avait gagné 3.910 francs en courses, obtint un premier prix au Concours central de Paris, en 1906, et fut vendu aux Japonais.

SOUVERAINE, baie brune foncée, taille 1 m. 64, née à Semallé, le 24 mars 1896, est fille de Juvigny et Monità.

Elle n'a gagné que 500 francs en courses, mais elle a été primée 7 fois dans les concours.

En 1903, elle a produit Diadème, par Ukase Ier, et Diadème est devenu étalon dans les Haras de l'État, après avoir gagné 6.142 fr. 50.

SADOWA, baie foncée, taille 1 m. 62, née le 3 mai 1896, à Semallé, est fille de Fuschia et de Narcisse.

Elle a gagné le prix Bayadère en 1' 37", et a obtenu 10 primes dans les concours.

Elle est encore à faire ses preuves comme poulinière. Elle est demeurée vide six fois.

SENSITIVE, baie cerise, taille 1 m. 60, née à Semallé, le 9 mai 1906, est fille de Fuschia et d'Ellora.

Elle a gagné en courses 27.834 fr. 50 et a reçu 7 primes dans les concours.

Comme poulinière, il faut encore attendre une bonne année. Elle a été vide 5 fois et a eu un produit mort-né.

En 1903, elle a donné Dumanoir, par Senlis ; ce beau poulain est devenu étalon de l'Etat.

SAÏDA, alezane, taille 1 m. 61, née à Semallé, le 11 mai, est fille de Fuschia et Fauvette II.

Elle n'a pas couru, mais, en 1901, elle a produit Beaulieu, par Narcisse, et Beaulieu a gagné 5.480 francs.

TEMPÊTE, baie chatain zain, taille 1 m. 62, née le 20 mai 1897, à Aunay-les-Bois (Orne), chez M. Jules Leroyer, est fille de Novice et de Montgeroult II, jument de pur sang, par Patriarche, c'est-à-dire ayant le précieux sang de Dollar.

Elle a été primée 5 fois dans les concours.

Elle n'a encore produit qu'un poulain, Eclair, par Chalet, le bon étalon de pur sang qui fonctionne au haras de Lonray.

SAMARA, alezane, née à Semallé, en 1896, est fille de Juvigny et Mandarine III.

Elle n'a gagné que 350 francs en courses, mais elle a été primée 10 fois dans les concours, et s'annonce comme une poulinière très prolifique, car elle a déjà donné 5 produits par Triomphant. Nous verrons à l'œuvre Finmanoir, né en 1905, et Glorieuse II, née en 1906.

SYLVIA, alezane, taille 1 m. 59, née à Semallé, en 1896, morte en 1907, était fille de Fuschia et Escapade III.

Elle gagna 26.354 fr. 50 en courses et reçut 7 primes dans les concours. A Paris, lors de l'Exposition universelle, en 1900, elle eut un premier prix, 1.200 francs avec une médaille d'or.

Elle n'a donné qu'un produit, nommé Dracœna, par Ukase Ier. Il a été jugé digne d'être acheté pour devenir étalon dans nos Haras nationaux.

USÉRIA, alezane foncée, taille 1 m. 61, née à Semallé, le 21 mai 1898, est fille de Presbourg et de Gérance.

Elle a déjà reçu 10 primes dans les concours, et comme poulinière elle va bien, puisqu'elle a déjà donné 5 produits.

ULLÉA, grise, taille 1 m. 59, née à Semallé, le 21 mars 1898, est intéressante comme étant le dernier produit de la célèbre jument Rosière. Elle est fille de Juvigny et de Rosière.

Elle n'a pas couru, mais a été 7 fois primée, et elle a déjà donné 6 produits.

VÉNUS, alezane, taille 1 m. 66, née à Semallé, le 15 juin 1899, est fille de Fuschia et Monita.

Elle a gagné 66.467 fr. 50 en coures et, dans les concours, elle a obtenu, en 1902, la prime d'honneur des pouliches, au Pin; à Alençon, le premier prix et, au Concours central de Paris, en 1906, le second prix.

Elle a déjà donné deux beaux produits : un

poulain nommé Gladiateur, par Urffe, et une pouliche, par Triomphant.

ALCIONA, alezane, taille 1 m. 62, par Clamart, pur sang, et Gérance, est née le 3 avril 1900, à Semallé.

Elle n'a pas couru, mais elle a déjà reçu 6 primes dans les concours et elle a eu 3 produits par Triomphant.

AMARANTHE, baie, taille 1 m. 64, née à Semallé, le 22 mars 1900, est fille de Juvigny et Nomade.

Elle a gagné en courses 18.505 francs et a obtenu le prix d'honneur des pouliches primées, au Pin; le secônd prix du dressage à la selle, à Alençon, et le premier prix des pouliches au Concours régional d'Evreux, avec une médaille d'or.

Comme poulinière, elle n'a pas eu de chance jusqu'ici : deux fois vide et une fois fois avortée, mais elle a tout pour bien produire et elle est assez jeune pour qu'on puisse espérer en elle.

AURORE, alezane, taille 1 m. 60, née à Semallé, le 25 mars 1900, est par Fuschia et Kœcy.

Elle a gagné 21.815 fr. 75 en courses et n'a encore produit qu'un poulain, par Azur, en 1907.

AMARYLLIS, grise, taille 1 m. 60, née à Semallé, le 1er mai 1900, par Fuschia et Isaura, a gagné 11.342 fr. 50 et a produit une pouliche, par Beaumanoir, en 1907.

BIARRITZ, baie, par Juvigny et Nomade, née à Semallé, en 1901, a gagné 8.623 fr. 50 en courses et a produit un poulain, par Beaumanoir, en 1907.

BATAVIA, baie, née à Semallé, par Sébastópol et Gérance, a gagné 21.662 fr. 50 en courses.

BÉRÉZINA, baie, née à Semallé, par Sébastopol et Fauvette II, a gagné 15.165 francs en courses et a couru en 1' 33".

BÉATRIX, née à Semallé, en 1901, par Fuschia et Monita, a gagné 6.020 francs en courses.

CYCLAMEN, baie châtain clair, taille 1 m. 68, née à Semallé, en 1902, par Fuschia et Narcisse, obtint la prime d'honneur au Pin, en 1906, et un second prix au Concours central de Paris, en 1906.

Elle a gagné en courses 6.725 francs.

L'importance que M. Lallouet apporte a la conservation de ses poulinières est des plus grandes. En voici une preuve :

A l'époque où la fortune du grand éleveur était encore à ses débuts, une offre de cent mille francs pour Finlande et Gérance lui fut faite. Il la refusa.

On sait que la splendide Finlande demeura improductive et que la fécondation artificielle put seule vaincre sa déplorable stérilité. Chose étrange, quand elle était en chasse elle avait du lait dans ses mamelles.

Si M. Lallouet avait connu la recette employée par l'entraîneur Lawrence en pareil cas, sa collection de superbes chevaux se fut accrue. Voici l'idée qu'a eu Lawrence et dont la réussite fut de notoriété publique.

Il s'agit simplement de laver avec du *Lusuforme*, antiseptique très puissant, la matrice de la poulinière et le membre de l'étalon.

Avis à tous les éleveurs.

CHAPITRE VIII

LISTE DES ÉTALONS

Vendus à l'Administration des Haras

PAR M. LALLOUET

De 1879 à 1907

1879

Uvernet, par Niger et Écolière.
Ulm, par Élu et Indiana.
Uclès, par Kaolin, pur sang, et Ida.

1880

Vermeil, par Niger et Impérieuse.

1882

Beaugency, par Serpolet bai et Florence.
Beaujeu, par Serpolet bai et Alphérie.
Beaulieu, par Niger et Impérieuse.

1883

Courtisan, par Serpolet bai et Indépendante.

1884

Drusus, par Josaphat et Julie.

1885

Essai, par Phaéton et Écolière.
Étranger, par Clear the Way et Franck.
Épinal, par Phaéton et Esmeralda.
Éclaireur, par Serpolet bai et Jeanne d'Arc.
Édimbourg, par Serpolet bai et Harmonie.

1886

Flers, par Sobriquet et Bourette.
Forth, par Sobriquet et Mignonne.
Fribourg, par Quiclet et Indépendante.

1887

Galantin, par Valdempierre et Béatrix.

1888

Hunald, par Quiclet et Fortunée.
Harfleur, par Hannon et Mademoiselle de Rouve.
Héxamètre, par Sir Quid Pigtail, pur sang, et Juana.
Hernani, par Phaéton et Sérénade.
Galant, par Uriel et Coquette.

1889

Idrasil, par Démarate et Juliette.
Instar, par Usquebec et Capucine.
Intrigant, par Cherbourg et Rosamonde.
Hallencourt, par Dictateur et Ida.
Illico, par Fataliste, pur sang, et Espérance.

1890

Jaffa, par Quiclet et Sédalis.
Jérémie, par Usquebec et Florentine.
James, par Cherbourg et Cocote.
Joinville II, par Cherbourg et Célimène.
Jouffroy, par Edimbourg et Impérieuse.
Jolibois, par Cherbourg et Dora.
Juvigny, par Cherbourg et Formosa.

1891

Kent, par Cherbourg et Glorieuse.
Kélat, par Édimbourg et La Fontaine.
Jouvenceau par Cambronne et Aubade.
Kiss, par Vigilant, pur sang, et Trompeuse.
Karnac, par Cherbourg et Juliana.
Kœnigsberg, par Cherbourg et Dwina.
Kerman, par Elan et Étoile.
Kachemir, par Phaéton et Fille Normande.

1892

Fin Bois, par Réussi et Fine Chartreuse.
Larzicourt, par Cicéron II et Fillette.
Lancaster, par Usquebec et Georgette.
Lemnos, par Franklin et Cocote.
Labrador, par Cherbourg et Glorieuse.
Léonidas, par Édimbourg et La Fontaine.

1893

Montebello, par Cherbourg et Juliana.
Marengo, par Fuschia et Faustine.
Mancini, par Édimbourg et Giselle.
Magenta, par Édimbourg et Esmeralda.
Messidor, par Édimbourg et Stella.
Mayenne, par Étudiant et Fleur d'Orange.
Météore, par Valencourt et Glorieuse.

1894

Nougat II, par Fuschia et Iris.
Nossi Bé, par Cherbourg et Mouvette.
Neuilly, par Fuschia et Janthine.
Napoli, par Elan et Dora.
Nectar, par Cherbourg et Ida.
Naufragé, par Cherbourg et Rosamonde.
Neubourg, par Intrigant et Joyeuse.
Nessi, par Cherbourg et Normande.
Neptune, par Édimbourg et Favorite.

1895

Montrésor, par Élan et Ellora.
Orfa, par Fuschia et Belle de Jour.
Orage, par Fuschia et Clémentine.
Oiseau Mouche, par Cherbourg et Ida.
Octidi, par Hérode et Somnambule.
Omnipotent, par Jouffroy et Myrto.
Outremer, par Cherbourg st Rosamonde.
Offenbach, par Cherbourg et Gérance.
Osborne, par Cherbourg et Jonquille.
Oranger, par Fuschia et Faustine.

1896

Pompéi, par Fuschia et Pompéi.
Pégase, par Fuschia et La Fontaine.
Pronostic, par Cherbourg et Isaura.
Portici, par Fuschia et Faustine.
Pompadour, par James Watt et Fleur de Neige.
Pontgouin, par Fuschia et Janthine.
Passy, par Qu'y met-on et Pâquerette.
Paulus, par James Watt et Églantine.
Phénix, par Cherbourg et Dwina.
Protagoras, par James Watt et Lutine.

1897

Quorum, par James Watt et Imprudente.
Quimper, par Cherbourg et Ida.

Quibus, par Fuschia et Soubrette, par Vichnou, pur sang.
Quintillien, par Cherbourg et Eurydice.
Quintal, par Cherbourg et Favorite.
Quiconque, par Kachemyr et La Grasse.
Qui Vive, par Édimbourg et Normande.
Qui Dam, par James Watt et Ella.
Quelquefois, par Lobau et Mélodie.
Quinoxe, par Jambe et Pimpante.
Quinet, par Qu'y met-on et Camélia.
Qu'il est vaillant, par Phaéton et Damoiselle, pur sang.
Quotidien, par Cherbourg et La Fontaine.
Quémandeur, per Kachemyr et Juliana.

1898

Rancour, par Fuschia et Giselle.
Reboul, par James Watt et Javote.
Radziwill, par Juvigny et Gavote.
Royal, par Cherbourg et Ida.
Rossignol, par Phaéton et Mademoiselle du Mesnil.
Rêve, par Nabucho et Eclipse.
Racleur, par James Watt et Patinette.
Radon, par James Watt et Norma.
Résolu, par Juvigny et Kœcy.
Réveillon, par Zut, pur sang, et Minerve.

Rameau, par Jambe et Nerveuse.
Renfort, par Lobeau et Cantatrice.
Rangez Vous, par Cherbourg et Ellora.
Régulus, par Nabucho et Hermite.
Robert le Fort, par Nabucho et La Torpille.
Rollon, par Juvigny et La France.
Roméo, par Iambe et Cornelie.

1899

Stuart, par Juvigny et Nomade.
Rocambole II, par Juvigny et Lutine.
Saxifrage, par Fuschia et Kaoline.
Sentilly, par Fuschia et Nébuleuse.
Sidney, par Cherbourg et Étoile.
Serviteur, par Juvigny et Minerve.
Sergent, par Kiss et Olga.
Souci, par Cherbourg et Ma Cousine.
Solitaire, par James Watt el Coranthine.
Saint-Léger, par Juvigny et Mandarine.
Simart, par Cherbourg et Kadéja.
Sparaxis, par Krakatoa, pur sang, et Rosamonde.
Septidi, par Cherbourg et Glorieuse.
Soukaras, par Hercule Normand et Janthine.
Smart, par Iambe et Cornélie.

1900

Triolet, par James Watt et Lisette II.

Tributaire, par James Watt et Jardinière.
Tourbillon, par Narquois et Gérance.
Tyrol, par Oran et Espérance.
Tempête, par Narcisse et Parure.
Tant Lis, par Narcisse et Ondoyante.
Tacticien, par Narcisse et Observatrice.
Travailleur, par Moonlighter et Oméga.
Tempétueux, par Kifflis et Manchette.
Touriste, par Oran et Élide.
Tripoteur, par Offenbach et Gabrielle.
Tricheur, par Nabucho et Nubienne.
Trémolo, par Nabucho et Nathalie.
Taffetas Noir, par Juvigny et Nacelle.
Tombola, par Offenbach et Citoyenne.
Turenne, par Juvigny et Favorite.

1901

Unité, par Narcisse et Qualifiée.
Utrera, par Cherbourg et Ellora.
Decorum, par Fuschia et Gambade.
Ukase I, par Fuschia et Isaura.
Use Tout, par Nabucho et Plume.
Ulster, par James Watt et Voltigeuse.
Un Vol au Vent, par Pornic et Églantine.
Ustensile, par Offenbach et Ida.
Urvilliers, par Narcisse et Julia.
Urbain, par Moonlighter et Janthine.
Urist, par Cherbourg et Conférence.

Urus, par Iambe et Olga.
Un Despote, par Cherbourg et Martingale.
Ullich, par Juvigny et Joyeuse..
Ukraine, par Nabucho et Brillante.

1902

Vulcain, par Quibus et La Force.
Vésuve, par Pompéi et Navette.
Tant Mieux, par Narcisse et Kamala.
Vivat, par Narcisse et Railleuse.
Villaines Vezot, par Quibus et Quolibette.
Valencourt II, par Fuschia et Fauvette II.
Vantard, par Offenbach et La Grasse.
Valens, par Narcisse et Iris.
Vassal, par Quintal et Conférence.
Vinci, par Quibus et Janthine.
Valdemar, par Quibus et Qualité.
Visconti, par Questeur et Quine.
Villars, per Offenbach et Quassia.
Vier, par Nabucho et Jonquille.
Velasquez, par Offenbach et Bonne Fille, pur sang.
Viatur, par Offenbach et Impéteuse.
Van Dyck, par Offenbach et Diane.

1903

Vercingétorix, par Portici et Églantine.
Alambra, par Quartier-Maître et Fée.

Anvers, par Hetman et Thémis.
Anadyr, par Questeur et Sarcelle.
Arden, par Moonlighter et Dora.
Arsy, par Quintal et Jocaste.
Associé, par Nabucho et La Veine.
Arsouval, par Juvigny et Minerve.
Aitzinago, par James Watt et Notre-Dame.
Almenèches, par James Watt et Maud.
Aigu, par Juvigny et Ellora.
Aubier, par Quintal et Passerelle.
Alfort, par Renfort et Quadriflore.
Alors, par Nabucho et Navette.
Anneau, par Juvigny et Monita.
Adilly, par Nizam et Satinette.

1904

Bécherel, par Narquois et Mandarine III.
Belfort, par Réséda et Lutèce.
Beau Soir, par Offenbach et Belle de Jour.
Alérion, par Fuschia et Narcisse.
Azur, par Fuschia et Plaisance.
Beaugency, par James Watt et Plaisance.
Bar, par Nizam et Phaétonne.
Bel Amour, par Réséda et Paméla.
Bully, par Oran et Minerve.
Bardou, par Rouges Terres et Béatrix.
Badar, par Juvigny et Rêveuse.

Butoir, par Rouges Terres et Ramette.
Bambinet, par Rocambole II et Savonnette.
Ben Ali, par Nabucho et Perce Neige.
Beaunil, par Oran et Mademoiselle du Mesnil.

1905

Condé, par Narcisse et Ondoyante.
Casse Noisette, par James Watt et Quatorze.
Cabri, par Juvigny et Kamala.
Cyrano, par Triomphant et La Grasse.
Centaure, par Triomphant et La Force.
Commandeur, par James Watt et Qualifiée.
Begonia, par Fuschia et Rebecca.
Cid, par Rouges Terres et Jeannette.
César, par Sébastopol et Revanche.
Coquelin, par Clamart, pur sang, et Violette.
Cirat par Harley et Tyrolienne.
Caïd, par Narcisse et Kœcy.
Calais, par Rangez-Vous et Reine des Prés.
Coquelicot, par Juvigny et Pergola, par Zut, pur sang.

1906

Dracœna, par Ukase I et Sylvia.
Destrier, par Triomphant et La Force.
Dozulé, par Nabucho et Réjane.
Célibataire, par Sébastopol et Résistante.

Dreux, par Hetman et Kabilienne.
Diadème, par Ukase I et Souveraine.
Dacapo, par Urfie et Jongleuse.
Danton, par Radziwill et Néréide.
Dumanoir, par Senlis et Sensitive.
Datura, par Ukase I et Véronique.
Dahomey, par Triomphant et La France.
Beaumanoir, par Narquois et Quenotte.

1907

Diogène, le superbe étalon, qui gagna ses grandes courses en portant 90 kilos, fut payé 35.000 francs par les inspecteurs des Haras. Il en valait plus de cinquante mille ; mais, non contents de se faire accorder ce fils de Triomphant et d'Ellora pour un prix inférieur à son mérite, MM. les représentants de l'Etat payèrent très chichement les onze autres étalons de très bonne race que M. Lallouet leur avait présentés.

C'est ainsi qu'ils osèrent coter à 7.000 francs le bon cheval de trois ans, nommé *Eclaireur*, qui, au mois d'avril 1907, avait trotté en 1' 37".

N'insistons pas sur cette parcimonie officielle. Faisons simplement remarquer que les fonctionnaires des Haras ont trouvé Eclaireur capable de bien produire, puisqu'ils l'ont conservé pour la circonscription du Pin.

Depuis l'année 1879 jusqu'en 1907, M. Lallouet n'a pas fourni moins de 247 étalons à l'Administration des Haras Français.

Un bon nombre de ces remarquables reproducteurs fut payé au taux de 20.000 francs chaque. Parmi eux nous trouvons le célèbre et sculptural Juvigny et Ukase Ier, le père d'Esther.

En 1904, le prix de 40.000 francs fut atteint par Azur ; en 1905, celui de 30.000 francs par Bégonia ; en 1906, celui de 70.000 francs par Beaumanoir ; en 1907, celui de 35.000 francs par Diogène.

De 1879 à 1907, l'Administration des Haras Français a payé la somme, évidemment trop minime, de 2.111.500 francs pour les 247 étalons que M. Lallouet lui a fournis, ce qui n'arrive pas à faire une moyenne de 8.600 francs.

Le total des prix gagnés en courses par les champions du Haras de Semallé est de 2.555 000 francs.

En outre, dans les divers concours, les représentants de M. Lallouet ont mérité de recevoir la somme de 494.500 francs.

BEAUMANOIR, par NARQUOIS et QUENOTTE.
Etalon acheté par l'Etat 70,000 francs.

C'est ce que l'on doit appeler l'éloquence des chiffres. Elle domine et resplendit comme la reine des lumières sur le travail d'un éleveur de tout premier ordre ; mais quelle persévérance il a fallu pour établir cette fortune de grand éleveur.

La réussite éclatante des chevaux nés et élevés au Haras de Semallé est due au travail et aux soins persévérants qui ont été apportés à la sévère sélection de cette race hors de pair.

Depuis ses ancêtres jusqu'à son chef actuel, la famille Lallouet s'est appliquée à n'avoir que des élèves de bonne origine, tout en veillant à la parfaite conformation de tous ses chevaux. Voilà pourquoi tous ces champions de demi-sang noble remportent les premiers prix dans les concours et se placent en tête des vainqueurs sur les hippodromes.

La vigueur et la force, comme la beauté, résultent de l'harmonie dans la plastique bien équilibrée.

N'est-ce pas la meilleure réponse à faire aux dénigrateurs de parti pris, qui, sous prétexte de se poser en pontifes du cheval de guerre, poussent des cris de paons effarouchés contre les courses au trot, bien qu'elles aient tant fait progresser l'élevage des chevaux français ?

L'origine de la jumenterie, qui a formé la race Lallouet, a déjà plus d'un siècle, exactement *cent quinze années de notoriété*, puisqu'elle est bien tracée depuis 1793, ainsi qu'on peut s'en rendre compte dans maintes publications faites sur les trotteurs normands.

Le père, le grand-père et l'aïeul de M. Théophile Lallouet ont tour à tour travaillé à cette œuvre, d'autant plus remarquable qu'elle a été menée à bien par le travail et non à coups d'argent.

Quiconque aura la patience et la volonté de procéder ainsi, pourra réussir en petit et même en grand, et c'est la principale utilité du livre que j'ai l'honneur d'écrire en ce moment. Puisse-t-il être le bienvenu auprès des jeunes éleveurs et leur servir d'exemple.

Les succès du Haras de Semallé, qui commencent à Valencourt, en 1880, pour arriver à Dangeul en 1907, ont rapporté plus de cinq millions et demi, soit dans les concours, soit dans les courses, soit par les ventes d'étalons qui ont bien produit. C'est facile à constater, car tous les résultats sont officiels, puisque les sommes gagnées proviennent toutes d'argent public offert comme encouragement à tous ceux qui savent les mériter.

Il y a soixante-quinze poulinières au Haras de La Fontaine. M. Lallouet n'aime pas à vendre les femelles de la race qu'il a créée, mais il a cédé un assez grand nombre de mâles, soit à des Français, soit à des étrangers, et tous ont donné de bons produits.

C'est ainsi que Valencourt, acquis par M. Jules Lemonnier, donna le jour à Impétueuse, l'une des meilleures juments qui aient paru dans les courses au trot. Valencourt fut aussi le père d'Isard et de plusieurs autres lauréats du trotting.

Dans ses ventes d'étalons à l'Administration des Haras Français, M. Lallouet a plus d'une fois fait de gros sacrifices d'argent. Un Américain lui offrait 35.000 francs de Juvigny en 1890, et il le céda à MM. les Inspecteurs des Haras pour 20.000 francs.

Afin que Diogène n'aille pas favoriser quelqu'élevage étranger, il vient de le céder pour 35.000 francs à l'Administration des Haras Français, bien que ce bon et beau cheval valut beaucoup plus.

Quant à Beaumanoir, il est évident qu'il aurait gagné à le conserver chez lui comme étalon, au lieu d'accepter l'offre de 70.000 fr., car le montant des saillies d'un tel cheval lui aurait rapporté beaucoup d'argent.

Ce sont là de grands services rendus à la cause hippique et à l'Etat. Il est juste que l'on en sache gré et que l'on en tienne compte à leur auteur. C'est par un travail incessant et bien équilibré qu'il s'est rendu digne des plus hautes récompenses et des plus distingués honneurs.

CHAPITRE IX

Les Trotteurs Français

Les étrangers sont unanimes à rendre hommage aux trotteurs normands créés avec tant de soins et de persévérance, mais, par une étrange et coupable frénésie de dénigrement systématique, il s'est formé en France une malfaisante ligue, qui s'est donné pour tâche de les combattre.

Cette petite chapelle de zoïles syndiqués intrigue et criaille, prêche la guerre civile entre les divers éleveurs de chevaux et veut imposer des formules d'élevage. A ces théoriciens, je veux répondre par l'ode suivante, que je dédie aux principaux éleveurs de nos splendides trotteurs français :

Le Calvados, la Manche et les plateaux de l'Orne
Forment un heureux choix de splendides trotteurs,
Qui marchent sur le turf à des progrès sans borne
Et sont pour leurs voisins des vulgarisateurs.

Ils peuplent d'étalons tous nos Haras de France
Et savent préparer des coursiers de combat
Contre nos ennemis, dont l'intime espérance
Est de venir encor nous faire échec et mat.

C'est le demi-sang noble et son bon élevage,
Qui peuvent présenter des sujets sans rivaux
Et prouvent que la France a conquis sans partage
Le sceptre incontesté des plus brillants chevaux.

L'avenir inscrira sur l'équestre bannière
Les noms des éleveurs Lallouet, Lebaudy,
Lemonnier, Paul Brion, Forcinal et Ballière,
Moulinet et Gauvreau, Desgenetais, Olry,

Durozier et Thibault, Lindet, Fleury, Grégoire,
Léguillon et Lebourg, Garreau, les deux Basly,
Gosselin et beaucoup dont je n'ai pas mémoire...
Mais j'allais oublier le brave Bassigny.

Ils servent la patrie, en faisant œuvre hippique,
Mieux que n'importe qui. La course au trot monté
Est utile au pays et son côté pratique
Ne peut, que par les sots, être un peu contesté.

J'ai le devoir de rendre un légitime hommage
Aux deux regrettés morts Legoux et Tiercelin,
Comme au vivant Hunger, Normand sans alliage,
Devenu Parigot sympathique et très fin.

Victor Hunger trouve un très bon auxiliaire
Dans ses aides de camp, les travailleurs Renault
Et François. Ce trio forme un doux Ministère
Pour marcher au progrès dont il a le dépôt.

Il est certain que la Société du Demi-Sang et celle des Steeple-Chases de France sont beaucoup plus utiles à la bonne remonte de notre armée, que celles où l'on donne exclusivement des courses plates. La première procure des chevaux de demi-sang noble à notre cavalerie de ligne ; la seconde fournit à nos officiers, qui veulent devenir des entraîneurs d'hommes tels que Murat et Lasalle, une pléiade de pur sang aptes à faire le difficile et rude service des éclaireurs à cheval.

Voilà pourquoi il est juste de rendre hommage à la Société Sportive d'Encouragement, puisque, bien dirigée par son très avisé Président Robert Papin, elle ne se borne pas à donner des courses plates sur son hippodrome de Maisons-Laffitte, et qu'elle en a deux autres réservés aux courses d'obstacles.

Lorsque les trotteurs français gagnent des courses en portant de très gros poids au trot monté, ils prouvent qu'ils ont les reins assez solides pour porter des cuirassiers et aller vite. Et quand ils fournissent des vitesses remarquables au trot attelé, ils démontrent qu'ils sont capables de bien outiller notre artillerie et nos trains des équipages.

Quelques ignares et quelques adeptes de néfastes théories ont osé prétendre que ces robustes et vaillants trotteurs étaient incapables de fournir des bons galops.

C'est sans doute qu'ils ne sont jamais allés voir les jeunes poulains sur leurs prairies. S'ils n'avaient pas eu peur de se mouiller les pieds, ils auraient vu que ces novices chevalins, dans leurs jeunes ébats, prennent le galop et non le trot. Quand on les met au dressage pour les courses au trot, l'on a toujours des difficultés pour les empêcher de galoper.

Si leurs dénigrations n'étaient pas de parti pris, ils viendraient sur les hippodromes voir les trotteurs à l'œuvre, au lieu de s'en écarter par snobisme, et deux fois ils auraient pu constater, en 1907, sur le champ de courses de Saint-Cloud, que Dwina et Dakota, après un accident survenu à leur sulky et la chute de leur driver, fournirent une remarquable course en plein galop sur deux mille mètres, avec une vitesse et une franchise d'allure presque égales à celle des galopeurs de profession.

Sur cette question je ne saurais mieux faire que de citer le remarquable discours prononcé au Congrès hippique de 1907 par M. du Rozier, le très compétent et très honorable président de la Société des éleveurs du Demi-Sang.

Voici ce discours *in extenso*, comme il le mérite à tous égards :

Je tiens à faire la preuve que nos chevaux de demi-sang sont excellents pour la chasse. En la circonstance, je vais être amené à vous entretenir de moi, ce que je fais avec regret, et je vous en adresse mes excuses.

« J'ai commencé à monter à cheval dès mon enfance et je me suis servi de toutes espèces de chevaux. Il est avéré que j'en ai eu d'excellents, pour la chasse surtout. Or, j'ai toujours tenu à chasser avec des chevaux français, et comme j'ai chassé à courre tous animaux, ma meute n'était dans aucune voie spéciale : il fallait donc que les chiens fussent suivis de très près. Il est indiscuté qu'il en a été ainsi, que je chassai dans des pays très difficiles et que j'avais de nombreux hallalis. Je n'insiste pas sur ces points trop personnels et très connus du monde des veneurs, mais ils me permettent d'affirmer ici que nos chevaux français sont excellents pour la chasse et, par conséquent, pour le service de la selle, du moment où ils y ont été bien préparés. Ils sont aussi d'un modèle magnifique, ce que prouvent les nombreux prix qui leur ont été décernés à l'étranger.

« C'est ainsi qu'au grand Concours international de Londres, la semaine dernière, une de nos juments françaises, la seule qui y ait été présentée, a obtenu la 2e prime ; elle y a été très appréciée et, cependant, ne croyez pas qu'elle était un champion chez nous ; à notre Concours de Paris elle n'avait pu, avec nos chevaux français, obtenir également que la 2e prime. Nous avons prouvé, en outre, que nos chevaux français ont été primés premiers à l'étranger sous des noms d'emprunt, alors qu'ils étaient bien nés français. Comme exemple, je n'aurai pas besoin de remonter bien loin. N'est-ce pas Queen-Victoria qui obtint, l'an dernier, la 1re prime au grand Concours international de Scheveningen, en Hollande, sur 80 chevaux engagés et la plupart anglais, jugés par un jury anglais ? Elle n'avait eu, à Paris, que la 4e prime sous son nom français.

« Si nous n'avons pas relevé un grand nombre de ces cas, c'est que, commercialement, nous aurions fait tort aux vendeurs français auxquels le silence avait été recommandé par l'acheteur étranger. Ces faits sont, du reste, très connus des personnes au courant de ces questions. Mais je ne vais pas insister davantage sur le modèle, parce que le modèle varie suivant les individus, et les différentes appréciations des jurys en donnent la preuve ; je vais en revenir à la qualité, qui est la principale raison d'être du cheval.

« J'ai refusé de certains de mes chevaux de chasse 5 et 6.000 francs, je n'ai pas voulu les vendre ; cependant c'était tentant pour moi, qui n'ai qu'une fortune modeste, et si je n'ai pas voulu les vendre, est-ce parce qu'ils étaient d'un modèle exceptionnel et faits d'après les formules de croisement que maintenant on veut rendre *obligatoires ?* Non. J'aurais pu trouver les mêmes modèles, les mêmes origines, pour des prix plus modestes ; leur supériorité était leur qualité et leur dressage approprié au service qu'ils avaient à faire.

« Nous avons en France beaucoup de bons et beaux chevaux, mais en général ils sont trop jeunes et ne sont pas suffisamment préparés à faire un service de selle *immédiat.* C'est là notre seule infériorité ; aussi combien sont dans l'erreur ceux qui, au lieu d'ouvrir les yeux à la vérité, cherchent un remède à cette lacune, qui existe certainement chez nous, en voulant tout bouleverser dans l'élevage, en prétendant vouloir en remontrer à nos éleveurs qui ont donné tant de preuves de leur savoir, et qui, avec une formule abstraite, condamnée par notre expérience, ne feront qu'accroître le triste résultat que nous déplorons déjà, à savoir que des milliers de juments sont livrées en moins à la reproduction.

« Enfin, comme preuve irréfutable que nos poulains français, obtenus par nos méthodes françaises, sont beaux et bons, c'est que partout ils font prime et que nulle part les jeunes chevaux ne sont plus recherchés et payés plus cher que les nôtres.

« Je puis également affirmer que, parmi les poulains de bas prix, beaucoup vont en Angleterre pour nous être retournés ensuite bien dressés et aptes à être donnés en admiration à nos anglomanes, ainsi que cela ressort d'une enquête faite par le Président de la Chambre syndicale des marchands de chevaux de Paris. Il termine en disant que beaucoup de ces poulains, après avoir passé le détroit, reviennent en France quelques années plus tard comme *purs irlandais*... et notre remonte, malheureusement, les achète avec trop de préférence.

« Nous ne voyons une plus-value chez le cheval étranger, quand elle existe, que par son âge et sa préparation. Donc, au lieu de blâmer nos éleveurs sur leur façon de produire le cheval, complimentons-les plutôt, ce serait plus juste, et encourageons-les à le mieux préparer, puisque là seulement est le côté faible.

« Mais si je n'ai parlé que de moi et de mes chevaux de chasse, nombreux sont encore, et heureusement, mes camarades en vénerie qui tiennent à employer le cheval français pour la selle et qui s'en trouvent très bien. Beaucoup de ceux-là — c'est un tort, — n'aiment pas à être mis en évidence, et je craindrais de blesser leur modestie en citant leurs noms; mais, s'ils sont modestes, cela ne les empêche pas de faire d'excellente besogne.

« Nous en avons un exemple tout récent. Il y a trois mois, nous fêtions l'un de nos plus sympathiques veneurs, le marquis de Cornulier, vice-président de la Société du Demi-Sang, qui, comme moi, tient à chasser avec des chevaux français : nous fêtions la prise de son millième cerf.

« Enfin, j'aime encore passionnément la chasse à courre, je voudrais lui voir un avenir assuré, indiscuté; je voudrais la voir vivre, en France, de la popularité qu'elle mérite. Combien, en effet, ne laisse-t-elle pas d'argent dans des pays souvent très pauvres; combien fait-elle vivre d'industries ; combien compte-t-elle de serviteurs ; combien est-elle la pépinière de bons cavaliers ; combien ses chevaux seraient-ils utiles en cas de mobilisation ? M. le baron du Teil vient de vous en faire un tableau saisissant.

« La chasse à courre est donc utile au pays et à l'élevage, mais je voudrais qu'elle fît plus encore pour ce dernier ; il souffre beaucoup en ce moment, malgré les dires de certains optimistes en chambre ; les progrès de l'automobile en sont une raison ; mais il y en a de beaucoup plus graves encore, que nous connaissons tous et sur lesquelles je ne veux pas insister ici.

« Les veneurs peuvent apporter un remède puissant en faisant leur union avec les éleveurs. Ce sont des alliés naturels. Les ventes étant plus difficiles, ils doivent, mieux encore, devenir des alliés nécessaires. Alors la chasse à courre aura, en France, des bases inébranlables qui feront sa force. Ah ! comme je voudrais lui voir prendre ce beau rôle !

« Mais que mes camarades en vénerie se gardent de se joindre à ceux qui livrent en ce moment des assauts terribles à notre élevage national. Notre rôle n'est pas de jouer au maître d'école, d'imposer des formules obligatoires pour la fabrication du cheval; au contraire, nos vues doivent être larges, car nous savons que l'élevage ne doit pas être entravé, qu'il lui faut une grande liberté d'initiative, que cette liberté seule peut permettre l'émulation, et que l'émulation est nécessaire à toute grande œuvre.

« En un mot, nous vivons en ce moment en pleine épidémie : le mal de l'anglomanie. Il n'y a que les Anglais qui ont bien fait, que les Anglais qui font bien, et cependant nous prouvons partout que nous pouvons lutter, malgré les circonstances les plus défavorables, puisque ce sont des Français qui, eux-mêmes, font la réclame pour l'étranger, et que nous les voyons décrier nos magnifiques races de chevaux que nous avons eu tant de mal à créer.

« Ce que nous voyons pour les chevaux, nous l'avons vu pour les chiens. A certaine époque, les meutes de chiens anglais faisaient rage, elles étaient à la mode! La pratique a prouvé que nos croisements étaient très supérieurs, que nous faisions beaucoup mieux. Aussi maintenant combien y a-t-il, en France, de meutes de chiens anglais? Il n'y en a pour ainsi dire plus. Nous ne les voyons que dans les vautraits, là où les chiens peuvent être éventrés sans laisser de regrets...

« Il en sera de même pour les chevaux anglais ; je suis persuadé qu'un jour on reconnaîtra l'erreur et que la pratique forcera à leur préférer nos demi-sang français.

« Mais la crise actuelle ne permet pas de prolonger les expériences ruineuses. Il faut, dès aujourd'hui, prendre son parti. Le veneur a le cœur haut placé, il l'a montré en bien des phases de notre histoire de France et surtout dans l'adversité ; aussi le moment me paraît bien choisi pour faire à ce Congrès un appel public à mes camarades en vénerie ; je leur dis avec confiance : « Haut les cœurs ! » l'élevage français souffre, nous ne monterons plus que des chevaux français ; nous saurons les préparer et démontrer qu'ils sont supérieurs à tous autres !

« Après mon appel aux veneurs, il me faut aussi faire appel aux pouvoirs publics, remonte et haras.

« Jusqu'ici l'État a donné des encouragements à la production chevaline et il a obteuu des résultats étonnants ; il lui reste maintenant à donner des encouragements à la préparation et à la conservation des chevaux d'âge. Ce sont les seuls pour lesquels nous soyons tributaires de l'étranger. La remonte est tout indiquée pour apporter le remède à cette lacune et sans que cela lui coûte une dépense nouvelle.

« Il lui faut, certes, continuer les achats de chevaux à 3 ans 1/2, tels qu'ils existent, car je serais le premier désolé de voir apporter un trouble nouveau. Mais pourquoi ne pas payer aux éleveurs qui auraient préféré garder leurs chevaux à 4 et 5 ans, le prix auquel ces chevaux seraient revenus à l'État s'il les avait achetés à 3 ans, puisqu'il a eu l'économie de leur nourriture et que les aléas de toutes sortes lui ont été évités ?

La catégorie d'éleveurs qui pourrait préparer ces chevaux, qui les mettrait en condition d'entrer immédiatement dans le rang est complètement sacrifiée au lieu d'être encouragée. Et cette appréciation des civils est tellement indiscutable, que les affiches des remontes y donnent même un semblant de satisfaction ; mais, de fait, c'est un trompe-l'œil.

Cependant, il est avéré que notre côté faible est de ne pas assez pratiquer le cheval ; on en fera la dure expérience dans notre cavalerie avec le service de deux ans, si l'on ne fait rien pour y remédier et si l'on n'encourage pas à monter à cheval en dehors du régiment.

Le moyen que j'indique ne coûterait donc rien au budget. Mais on aime mieux s'attarder à modifier notre façon de produire le cheval et à jeter un grand trouble dans l'élevage, alors que certainement là n'est pas le mal. C'est encore un effet de l'anglomanie. Eh ! bien, qu'on commence par nous donner les encouragements pour monter à cheval comme on le fait en Angleterre, et on verra alors si nos chevaux français sont inférieurs à ceux de nos voisins d'outre-Manche. Nous prouverons le contraire.

« Il m'en coûte de faire des critiques, c'est bien contre mon caractère, tout le monde le sait ; mais c'est un devoir que je remplis comme président du Syndicat des éleveurs de chevaux de demi-sang. De tous côtés, il me vient des plaintes souvent très irritées. Je les transmets avec respect, mais aussi avec fermeté, et je fais tout mon possible pour qu'elles ne restent pas vaines. Personne n'est infaillible, pas plus les militaires que les civils.

« Je parlerai simplement du présent. Les achats nouveaux effectués par les remontes ont causé des ruines, c'est certain. Le découragement est grand, c'est non moins certain, puisque c'est par milliers que les poulinières sont données en moins à la reproduction. Donc notre défense nationale est menacée, notre fortune publique, en ce qui concerne le cheval, s'écroule et je me bornerai pour aujourd'hui à prier Messieurs les dirigeants de ce mouvement de ne pas oublier que l'argent est aussi l'un des nerfs de la guerre.

« Je ne puis en finir, Messieurs, sans vous parler de notre Concours central, mais je le ferai d'une façon très brève. L'organisation, toutefois, a été très défectueuse, spécialement comme publicité, tant pour les visiteurs français que pour les étrangers. Au point de vue mondain, j'en donnerai une preuve typique. Quand vous dites à un Parisien que vous êtes là pour le concours, il vous répond le plus souvent : « Ah ! oui, la " Fête du Cheval ", le concours organisé par un journal ! » Et votre interlocuteur est le plus étonné du monde quand vous lui répondez : « Mais non, vous « avez à la Galerie des Machines un splendide « concours de chevaux. »

« Au point de vue commercial, vous avez tous blâmé cette organisation, mais comme la plainte est générale et se renouvelle chaque année, j'estime que nous n'avons plus à espérer que dans la nomination d'une commission spéciale, qui envisagerait la question commerciale et que devrait obligatoirement consulter M. le commissaire général du concours, car il est à croire actuellement que tout est fait pour que nos chevaux soient bien ignorés, afin qu'ils restent plus sûrement à leurs exposants, alors que chacun constate, même les pouvoirs publics, que nous avons grand besoin d'exportation. Cela est, du reste, de l'avis général, la grande raison d'être de ce concours.

« D'un autre côté, au point de vue des chevaux exposés, je ne crois pas exagérer, me faisant l'écho de tous les connaisseurs, en disant que ce concours est magnifique. Dans toutes les catégories nous avons des étalons remarquables et nos races sont fort appréciées par les étrangers. Nous leur prouvons que nous pouvons très bien nous suffire chez nous, et que si nos concurrents font grand tapage au sujet des chevaux qui leur sont achetés, nous avons au moins la bonne chance de posséder des races qui savent se défendre par elles-mêmes et atténuer les préjudices que certains Français leur causent.

« Nous avons une jumenterie incomparable et l'on s'accorde à dire qu'elle est la première du monde. C'est tout à l'honneur de nos éleveurs, qui ont su la créer par des accouplement judicieux et s'imposer les sacrifices de conserver, malgré leurs prix élevés, les meilleurs sujets.

« En un mot, les éleveurs ont fait leur devoir et nous ne saurions trop demander à notre

Administration des Haras de faire le sien en choisissant des étalons dignes de cette jumenterie d'élite. »

Toutes les idées émises par M. du Rozier sont celles d'un praticien expérimenté. Nous ne saurions trop les recommander à l'attention et à la sollicitude de M. Ruau, l'éminent ministre de l'Agriculture. Ce ne sont pas de bonnes paroles que nous attendons de lui, mais de bons actes.

CHAPITRE X

Le Prix de Béhague

E mercredi 8 janvier 1908, l'élevage Lallouet a reçu une récompense très marquante et très méritée.

La Société nationale d'Agriculture de France lui a décerné son grand Prix de Béhague. C'est la première fois que cette haute distinction a été accordée à un éleveur.

Fondée en 1761, par ordonnance royale, cette Société comprend 52 membres titulaires et 40 adhérents. Le Ministre de l'Agriculture en a la présidence. Elle a rendu de très grands services.

Voici le remarquable rapport, fait et présenté au nom de la Section d'économie des animaux par M. le comte Rœderer, sur l'attribution du Prix de Béhague à M. Théophile Lallouet :

« Depuis l'année 1901, la Société nationale d'Agriculture de France n'a pas décerné le Prix de Béhague. Cette haute récompense doit, conformément aux volontés de son fondateur, être réservée, soit à l'auteur du meilleur travail sur l'élevage ou l'engraissement du bétail, soit à l'agriculteur qui, par une découverte ou par l'introduction de nouveaux procédés d'élevage, aura rendu un signalé service aux éleveurs.

« La Section d'économie des animaux, frappée des progrès réalisés dans l'élevage du cheval de demi-sang, croit devoir proposer à la Société nationale d'Agriculture de France d'honorer d'une distinction toute particulière l'un des hommes dont l'intelligence, l'esprit de suite et le savoir-faire, ont le plus contribué à améliorer ce cheval, à en fixer les caractères et à lui acquérir la réputation universelle dont il jouit actuellement. Ajoutons encore que l'initiative de ces hommes et les sacrifices auxquels ils consentent aident puissamment l'élevage national à traverser la crise dont il souffre aujourd'hui, en raison de l'essor pris par l'industrie de l'automobile. On doit, en effet, leur savoir le plus grand gré de conserver, pour la France, les reproducteurs d'élite des deux sexes dont l'étranger leur offre des prix très élevés.

« Si l'on compare ce qu'était le cheval de demi-sang, il y a quarante ans, avec ce qu'il est aujourd'hui, on éprouve une réelle surprise en constatant la transformation qui s'est opérée en ce court laps de temps.

« Chevaux de luxe et chevaux de service, parfois d'un beau modèle, présentaient souvent jadis des défectuosités caractéristiques et héréditaires que l'on ne retrouve plus que rarement maintenant. Lymphatiques, manquant de sang, ils n'étaient guère utilisables avant l'âge de six ans.

« Par une sélection sévère et bien comprise, par l'introduction de plus en plus fréquente de courants de sang judicieusement appropriés, le cheval de demi-sang, assurément perfectible encore, a pris plus de distinction, plus de régularité, sans pour cela s'affiner exagérément ainsi qu'il est advenu en Allemagne.

« Les méthodes d'élevage ont été profondément modifiées. Autrefois le poulain, abandonné à lui-même pendant plusieurs années dans la prairie, ne puisait pas, dans la nourriture que lui fournissait exclusivement le sol, l'énergie que l'atavisme lui refusait déjà. Aujourd'hui, au contraire, le jeune cheval est l'objet de soins particuliers. L'avoine qui lui est donnée, jointe au travail qu'on lui impose, développe la densité de ses tissus et, le rendant plus précoce, permet son utilisation dès l'âge de trois ans et demi.

Si les concours de toutes sortes ont mis en relief le modèle des chevaux de demi-sang, les épreuves de l'hippodrome ont puissamment contribué à en affirmer les qualités. Véritable critérium de la résistance que l'on doit demander au reproducteur, la course, moins par elle-même peut-être qu'en raison des exigences de l'entraînement qui la précède, sert de pierre de touche et désigne les chefs de famille.

« Chaque jour davantage, l'étranger apprécie mieux les qualités de nos produits. Depuis quelques années, des commissions allemandes, italiennes, espagnoles, russes, opérent en France, comme en Hongrie et en Angleterre. Les Japonais, qui tout d'abord n'avaient acheté que quelques étalons en France, viennent aussi y chercher des poulinières en vue d'acclimater chez eux notre cheval de demi-sang. Ce mouvement d'exportation, limité d'abord à ce dernier, a pris de l'extension, et notre industrie chevaline en bénéficie tout entière. Nous devons cet heureux résultat à nos grands éleveurs qui ont bien mérité du pays en créant un débouché avantageux à la surproduction de notre élevage national. En ce moment, quelques-uns d'entre eux introduisent, à leurs risques et périls, dans l'Amérique du Sud, des chevaux achetés un peu partout sur notre territoire en vue d'y faire connaître et apprécier les produits des écuries françaises.

« Telles sont les raisons de la proposition que la Section d'économie des animaux soumet à la Société en lui demandant de décerner, cette année, le Prix de Béhague à M. Théophile Lallouet, qui a contribué, d'une manière tout à fait remarquable et particulièrement efficace, à l'amélioration du cheval de demi-sang anglo-normand et à l'extension de sa réputation hors de nos frontières.

« M. Lallouet pratiquait l'élevage depuis plusieurs années, lorsqu'en 1878 il fit l'acquisition du domaine de La Fontaine, à Semallé (Orne), propriété de 30 hectares, où il installa son haras composé alors de 20 chevaux à peine. L'étendue actuelle est de 150 hectares. Mais cet espace est insuffisant et M. Lallouet loue, en outre, plus de 700 hectares d'herbages à l'usage des 300 chevaux qu'il y entretient avec 500 bœufs qui souvent fournissent des lauréats au concours central de Paris.

« L'origine de la famille de ses chevaux remonte à 130 années ; mais c'est à partir de 1840 que l'on en voit la filiation, grâce au Stud-Book du demi-sang qui mentionne, à cette époque. la jument Ida Ire, petite-fille du pur sang anglais Eastham. Sa bisaïeule est fille du pur sang Snail, sa quadrisaïeule et son ascendante au cinquième degré, toutes deux filles de demi-sang anglais, ont appartenu à la reine Marie-Antoinette. Les caractères de cette famille ont été fixés par Glorieuse, une descendante d'Ida Ire et aussi par la jument Rosière, que M. Lallouet sut distinguer chez un de ses voisins et dont il fit l'acquisition.

« C'est en 1876 que M. Lallouet se décida à faire paraître ses élèves sur les hippodromes, sans toutefois négliger les concours. Ses succès dans les deux branches suivent une ligne parallèle dont la courbe ascendante est en progression rapide à partir de la création du Haras de La Fontaine. En 1876, ses gains de courses ne s'élèvent qu'à 1.500 francs et les primes obtenues dans les concours atteignent 7 560 francs.

« Viennent alors les succès, dans les plus importantes épreuves, de Valencourt et Vert

Galant d'abord, puis de Dancourt, Ellora, Elan, Finlande, Gérance, Narcisse, Osmonde, Redowa, Stuart, Ukase Ier, Vénus, Azur, Beaumanoir, Diogène, Dangeul, Esther, etc.

« A ce jour, le total des gains de courses de M. Lallouet est de 2.555.000 francs, ses élèves ont reçu, dans les concours, des prix s'élevant à la somme de 494.500 francs.

« L'Etat lui a acheté, pour 2.111.500 francs, 247 étalons, parmi lesquels il convient de donner une mention spéciale à Edimbourg, Juvigny, Radziwill et Beaumanoir.

« Au Haras de La Fontaine, se trouvent deux étalons, Dangeul et Triomphant, et les poulinières, au nombre de 75, y forment un ensemble remarquable, peut-être même unique au monde.

« En récompense des services rendus par lui à la cause de l'industrie chevaline, M. Lallouet a reçu la croix de la Légion d'honneur et aussi celle de commandeur de l'ordre du Mérite agricole.

Il a un précieux collaborateur en son fils, M. Fernand Lallouet, qui a conduit à la victoire un grand nombre des élèves de La Fontaine.

« Votre Section vous demande aussi de décider que le Prix de Béhague sera remis à

M. Lallouet sous la forme d'un objet d'art. Ce haut témoignage de votre constante sollicitude aux intérêts vitaux du pays perpétuera, dans la famille de M. Théophile Lallouet, le souvenir d'un hommage si justement acquis à tant d'efforts, féconds en heureux résultats pour l'élevage français. »

En décernant son prix principal à M. Lallouet, la Société d'Agriculture semble avoir voulu répondre aux attaques systématiques du Syndicat d'un prétendu cheval de guerre, fabriqué d'après une formule très contestable. Ces attaques jalouses et intéressées visaient nos admirables trotteurs français. La riposte de la Société nationale d'Agriculture ne peut qu'être utile à notre France, si éprouvée par les brouillons et les théoriciens.

C'est au succès par le travail qu'un très sain hommage a été rendu, et tous les braves gens doivent approuver un tel succès lorsqu'il devient un triomphe.

Voici, d'autre part, en quels termes M. Louis Cauchois, le jeune et actif directeur de la *France Chevaline*, a su faire ressortir la haute distinction et la portée de ce Prix de Béhague :

« En décernant à M. Lallouet ce précieux

souvenir, la Société nationale d'agriculture de France a voulu honorer tout particulièrement l'homme qui a tant contribué à transformer la race du cheval français de demi-sang et à lui donner les qualités qui la font universellement apprécier aujourd'hui.

« C'est aux applaudissements de l'assemblée toute entière, que M. Lallouet a reçu, en même temps qu'un superbe bronze de P.-S. Mène, les plus vives félicitations des hautes personnalités présentes, parmi lesquelles nous citerons MM. Vassilière, directeur de l'Agriculture, délégué par son ministre empêché; Nivoit, directeur de l'Ecole des Mines, président; Pluchet et comte de Saint-Quentin, vice-présidents; Louis Passy, de l'Académie des sciences morales et politiques, secrétaire perpétuel; Liébault, trésorier perpétuel; Bénard, vice-secrétaire; Viger, ancien ministre de l'Agriculture; Chauveau, président de l'Académie des sciences; Marcel Vacher, et de tous les amis du sympatique éleveur de Semallé, présents à cette mémorable séance.

« Nous sommes heureux de joindre nos meilleures et nos plus vives félicitations à celles qui viennent de lui être données à si juste titre. »

M. Fernand LALLOUET

CHAPITRE XI

Une Notice du Journal « Le Falot »

Il est rare qu'on puisse dire de la postérité des hommes qui occupèrent une situation marquante: *Qualis pater, talis filius.* Le cas, cependant, existe ici. M. Lallouet fils suit en tous points les traditions paternelles et les conseils de M. Théophile Lallouet, cette autorité en matières d'élevage et d'entraînement. La semence ne s'égara point dans une terre récalcitrante. A juste titre, le créateur d'une famille hippique, le professionnel impeccable, est heureux d'avoir fait naître et guidé à travers toutes les difficultés d'un métier si délicat, son unique enfant, son plus digne successeur.

« Etant au collège, M. Fernand Lallouet débuta en courses. Un beau dimanche, au

Mans, alors que le proviseur lui avait accordé le droit de sortir, il monta Messagère, une pensionnaire des écuries paternelles, et il gagna.

« Le prix s'élevait à 800 francs. Cela se passait le 16 juillet 1893.

« Depuis, le jeune cavalier a grandi et progressé. Il entre à peine dans la trentaine et son bagage de victoires est écrasant. Il n'a pas gagné moins de 160 courses et le chiffre de ses gains atteint le million.

« Voulez-vous que nous énumérions les chevaux qu'il a montés et les prix qu'ils a gagnés ? C'est inutile. Nos lecteurs savent comme nous que M. Fernand Lallouet a remporté toutes les grandes épreuves de trot. Il n'est pas de derbys sérieux de province qui lui aient échappé.

« Cavalier consommé, d'une rare énergie et d'une vigueur peu commune, possédant beaucoup de sang-froid, il tire de sa monture tout ce qu'elle peut donner. On ne peut que regretter le développement physique qu'a pris le jeune gentleman, ce qui ne lui permet plus de monter au poids exact.

« Nous devons aussi rendre hommage à l'excellente camaraderie de M. Fernand Lallouet pour les professionnels, contre lesquels il est appelé souvent à lutter. Sa situation dominante pourrait peut-être l'inviter à quelques exigences ou à une considération spéciale. Non. Il évite toujours de profiter d'une autorité indiscutable, pour se faire l'égal, en course, de ses adversaires d'un moment.

« Il adopte en cela, une fois de plus, les théories paternelles. Un jour, M. Lallouet père « nous disait : « Il n'y a ni patron, ni em-
« ployés. Le patron du moment, c'est celui qui
« paie ; l'employé celui qui reçoit, en échange
« d'une somme de labeur fournie ; mais ce
« dernier sera patron demain, lorsqu'il viendra
« commander une paire de souliers au cor-
« donnier, devenu, à son tour, son employé. »

« M. Fernand Lallouet peut abandonner la piste demain, il restera toujours le modèle du parfait gentleman, de l'excellent cavalier et du bon maître. Nous sommes heureux de l'en assurer publiquement. »

Le Falot est généralement bien éclairé. Son directeur, le sémillant Lardeux, prit le goût des courses au trot et des chevaux de demi-sang, lorsqu'il fit ses débuts dans le sport hippique au journal *l'Entraîneur*, dont j'étais rédacteur en chef. Depuis cette époque il a grandi et est devenu le fort ténor du *Courrier de Versailles*, où il fait de la politique, mais cette annexe ne l'empêche pas d'être très lucide dans ses appréciations sur les éleveurs et les courses.

Jamais le fin observateur Lardeux n'a mieux prouvé son incisive lucidité d'opinion, qu'en écrivant cette juste notice sur M. Fernand Lallouet. Il méritait donc une citation à l'ordre du jour, comme on dit dans le monde officiel.

CHAPITRE XII

La Mission de la Société du Demi-Sang

LA Société du Demi-Sang est sans contestation possible une œuvre d'utilité publique. Pour s'en convaincre, il suffit d'examiner sans parti pris les chevaux trotteurs qui se présentent sur ses hippodromes. Non seulement ils ont gagné beaucoup en vitesse, mais ils se sont affinés de façon très marquante, tout en demeurant capables de porter de très gros poids.

La preuve, c'est que les chevaux de M. Théophile Lallouet gagnent en ayant 90 kilos sur le dos, puisque leur cavalier, M. Fernand Lallouet, ne peut les monter à moins de ce poids, et que les champions de M. Olry-Rœderer portent plus de 75 kilos, puisque leur jockey Urier ne peut les monter à un poids moindre.

Donc l'amélioration obtenue par les courses au trot sous la haute direction de la Société du Demi-Sang est de toute évidence et les services rendus par elle à la cause patriotique ne peuvent être contestés que par les ignorants, les intéressés ou les têtus, qui ne veulent pas accepter les faits acquis.

La grosse cavalerie ne peut être bien montée que par les chevaux de demi-sang noble et de race confirmée. L'artillerie, pour être capable de se mouvoir vite et, par conséquent de répondre aux exigences de la guerre moderne, doit posséder des attelages de race éprouvée et rendue forte, alerte, résistante et endurante par les courses comme par ses origines bien établies.

Par la Société du Demi-Sang et les courses au trot bien dirigées, les commerçants qui ont besoin de bons chevaux ont autant à gagner que les remontes. C'est donc l'intérêt général qui se trouve en jeu, et j'ai raison de dire que la Société du Demi-Sang est d'utilité publique. Comme on dit en géométrie, c'est ce qu'il fallait démontrer. Y serai-je arrivé dans ce livre de bonne foi ? Je l'espère.

En tout cas, l'on ne pourra m'accuser d'appartenir à la chapelle des fanatiques inféodés aux trotteurs à outrance, qui sont à la fois injustes et ingrats envers les pur sang. Ceux-ci sont les fils aînés des courses et les demi-sang ne sont que des cadets arrivés à la réussite avec l'aide de leurs aînés.

Dans mes nombreux écrits j'ai toujours été éclectique, et je n'admets pas que l'on oublie le rôle primordial des pur sang dans la création de nos admirables demi-sang.

Mon éclectisme et mon impartialité dans les questions hippiques durent depuis 35 ans et ne se sont jamais démentis. Ils peuvent et doivent donner de l'autorité à mes opinions toujours indépendantes et sincères. Dans mes notes prises sur place, au jour le jour et d'après l'impression du moment qui leur donne un droit de vérité, j'ai toujours fait œuvre de praticien. J'ai horreur de toute pédantesque théorie, de toute partialité dans les appréciations et de tout enrôlement dans un cénacle quelconque, ou dans un syndicat de courte échelle.

En terminant mon travail de huit mois sur le très méritant et très remarquable élevage Lallouet, je demande qu'il me soit permis de rappeler à la pudeur hippique les sportsmen égarés dans le Syndicat du faux cheval de guerre.

Ils affectent de ne pas venir aux courses au trot et, par conséquent, ils ne peuvent juger les chevaux dont ils médisent. La photographie très exacte de Dangeul, contenue dans ce volume, devrait les amener à de plus justes appréciations. Qu'ils l'examinent et qu'ils l'étudient. Ils seront obligés de reconnaître que la plupart des pur sang actuels ne sont pas plus pur sang, et surtout plus ce qu'ils appellent *cheval de guerre,* que ce fils de Juvigny et Querella.

S'ils sont de bonne foi, il leur sera impossible de ne pas reconnaître que Dangeul est, par excellence, le type du cheval apte à faire un bon service de guerre, en portant les plus gros poids. Ne l'a-t-il pas prouvé par ses victoires dans les courses les plus marquantes, en ayant 90 kilos sur le dos et conservant des jambes saines et nettes en même temps que des poumons impeccables ?

Prenons un autre exemple et citons un cheval de plus petite taille. Est-ce que Incrédule, le superbe et très élégant élève de M. Abel Bassigny, ne réalise pas ce que l'on peut demander de mieux comme modèle de solide troupier ? Ne semble-t-il pas né pour faire un excellent et dur service dans un peloton d'éclaireurs à cheval ? N'accuse-t-il pas plus de race endurante et bien sélectionnée, que le disgracieux, commun et pataud Maintenon, pour ne citer que cet atroce et dégénéré pur sang qui, pour la honte de sa famille équestre, fut un lauréat très fructueux sur les hippodromes en des courses peu probantes.

Dangeul et Incrédule, que j'ai cités comme des modèles du bon cheval de guerre, appartiennent tous les deux aux meilleures familles de trotteurs français, et je défie que pour bien monter notre grosse cavalerie l'on puisse trouver deux meilleurs types.

Or, c'est la bonne remonte de notre cavalerie de ligne qui doit être le seul objectif de l'élevage français, puisque toute notre cavalerie légère est beaucoup mieux montée que les uhlans et les hussards prussiens. Je puis le garantir, car je m'en suis rendu compte sur place, et tout le monde sait, excepté ceux qui ne veulent pas savoir, que nos Tarbais et nos demi-Arabes du Sud-Ouest forment une pépinière archi-nombreuse de chevaux de guerre, dont l'endurance et la solidité ne peuvent être contestées.

Il y a pléthore de bons chevaux pour remonter nos régiments de chasseurs et de hussards. Donc l'on est dispensé de s'en préoccuper, et toute l'attention nationale doit se porter sur la production du cheval de dragons et de cuirassiers ou d'artillerie.

Or, pour arriver à de bons résultats dans cette production de demi-sang, à la fois forts et lestes, il est absurde de ne pas vouloir utiliser les progrès déjà obtenus par une sélection suivie et bien établie depuis plus d'un demi-siècle.

Que diriez-vous, amis lecteurs et vrais hommes de sport hippique, d'un maniaque, d'un fou, d'un inapte ou d'un malfaisant, qui voudrait proscrire les chevaux améliorés depuis plus de deux siècles dans la race dite de pur sang anglais, et qui se mettrait à les combattre comme du temps où le baron de la Rochette fut obligé d'entrer en lice très littéraire pour repousser victorieusement les attaques de quelques sectaires ?

Eh bien ! dans le cas actuel, les choses sont les mêmes, sinon que les rôles sont renversés. La bonne influence des pur sang anglais n'est plus niée aujourd'hui. C'est le tour des trotteurs français à trouver des zoïles, pour contester leurs progrès si bien affirmés, encore plus par une structure irréprochable que par une qualité chaque année plus marquante.

N'est-il pas étrange et déplorable qu'un syndicat se soit réuni pour fermer les yeux à l'évidence et vouloir détruire les résultats obtenus avec tant de peines et de soins?

Ces Erostrates chevalins ne peuvent réussir, et peut-être le sentent-ils, mais ils se donnent le malin plaisir de dénigrer, et c'est l'un des maux de l'époque actuelle.

Je me bornerai ici à faire remarquer qu'ils agissent au rebours du bon sens et de la nature, en édictant leur formule de tyrannique production, lorsqu'ils n'admettent dans leur chapelle que des fils d'étalons de pur sang accouplés à des juments communes. C'est le moyen de n'avoir pas plus de cinq produits convenables sur un cent fabriqués ainsi.

J'admets et je crois que parmi les syndiqués du cheval de guerre il y a des sportsmen de bonne foi. A ceux-ci je dirai :

— Si vous voulez produire des galopeurs, n'est-il pas plus naturel et plus logique de faire saillir une jument de pur sang par un étalon de demi-sang noble? La poulinière commune n'apprendra pas à ses produits le galop sur la prairie, tandis que la poulinière de pur sang sera portée à les faire galoper. En outre, c'est à tort que vous accordez plus d'influence à l'étalon qu'à la jument dans la production à venir. Vous oubliez que la poulinière porte pendant onze mois son produit dans son ventre et qu'elle le nourrit pendant cinq ou six mois, tandis que la coopération du mâle ne dure que peu d'instants. Rappelez-vous que M. Lupin et le baron de Schickler ont surtout attribué leurs grands succès à la qualité de leur jumenterie.

Au cours des résultats merveilleux obtenus dans le grand élevage Lallouet, résultats authentiqués en ce volume, on a pu constater que parmi les nombreuses doses de pur sang anglais introduites à fréquentes reprises dans la race Lallouet, c'est toujours à l'étalon de pur sang que l'on a eu recours, parce que les mères d'origine trotteuse bien confirmée étaient enclines à faire trotter leurs poulains, plutôt qu'à les faire galoper sur les herbages.

Par contre, si M. Lallouet avait voulu obtenir un demi-sang galopeur, il n'aurait pas manqué de faire saillir une poulinière de pur sang par un trotteur de race affinée.

Les faits et gestes d'un praticien tel que le créateur du Haras de Semallé ne doivent-ils pas mériter plus d'attention et avoir plus de portée que les théories des syndiqués d'un cheval de guerre fabriqué suivant une formule inadmissible et néfaste ?

La vérité est que les syndiqués préconisent

l'élevage à contre sens ; sans le vouloir, je l'espère pour eux, ils font œuvre anti-nationale.

Il reste à indiquer ce que la Société du Demi-Sang doit faire pour parer les coups de la croisade prêchée contre elle. C'est ce que je vais essayer de faire.

La France Chevaline, sous le titre : *Quand aurons-nous le million?* a exprimé le désir suivant :

« Le budget des courses au trot parisiennes, est voté chaque année à cette époque par la Société du Demi-Sang, il n'atteint, pour la saison normale, que 622.000 francs. A cette somme, il convient toutefois d'ajouter le budget des courses d'hiver, qui est actuellement de 136.000 francs, soit au total 758.000 francs.

« Or, en Autriche et en Allemagne, les courses au trot viennoises et berlinoises jouissent d'un budget beaucoup plus important.

« A Vienne, on a alloué, en 1907, la somme de 715.000 couronnes, et à Baden, près Vienne, 340.200 couronnes, soit en tout 1.055.000 couronnes ou 1.108.380 francs.

« A Berlin, les allocations de 1907 sont montées à 400.000 marks à Westend et à 354.700 marks à Weissensee, au total 754.700 marks ou *943.775 francs*.

« On annonce d'ores et déjà une augmentation de ces allocations en Allemagne et en Autriche. En Allemagne, le Derby des trotteurs allemands va passer de 30.000 marks à 40.000 marks (50.000 francs).

« En Autriche, le budget de Vienne, pour 1908, sera de 750.000 couronnes, et celui de Baden étant de 350.000 couronnes environ, cela fait 1.100.000 couronnes ou 1.155.000 francs pour les trotteurs autrichiens.

« Berlin et Vienne ont leur million assuré. Quand nos trotteurs auront-ils le leur à Paris ? »

La pensée de M. Louis Cauchois, qui vient de rendre grand service à la cause du Demi-Sang, par la publication d'un Stud-book trotteur fort bien établi, est juste et bonne. Une augmentation de 12.000 francs pour les courses au trot de Saint-Cloud, en 1908, a déjà été été édictée par les honorables commissaires de la Société du Demi-Sang, mais elle est loin de suffire. Nous allons indiquer un moyen d'arriver au chiffre du million demandé, grâce aux courses d'hiver, dont le succès ne peut que s'accroître en 1908 et 1909.

La Société des Steeple-Chases de France va offrir des courses aux chevaux de demi-sang sur son hippodrome, et la Société Sportive d'Encouragement a doté la province de courses semblables, qu'elle a eu la très bonne initiative de réserver à des cavaliers nouveaux venus dans le métier. C'est la meilleure façon d'encourager les jeunes Français à l'équitation hardie, et, par conséquent, c'est un service rendu à la patrie.

Donc, la Société du Demi-Sang commettrait une lourde faute si, par routine d'esprit timoré, elle ne suivait pas ces excellents exemples et s'obstinait à ne pas donner des courses d'obstacles pour chevaux de demi-sang.

Jusqu'ici son Comité n'a pas voulu marcher vers un progrès des plus désirables, en disant qu'il redoutait la fraude. Ce prétexte ne tient pas debout, puisqu'il est très facile de rendre la fraude bien plus impossible que parmi les courses de pur sang. Il n'y a qu'à admettre uniquement, dans les courses d'obstacles pour demi-sang, les trotteurs ayant trotté en 1'45" et moins. Tous ces champions seront déjà connus et facilement surveillés. Leur notoriété offrira un parfait garant contre la fraude.

Et puis, est-ce que la résurrection du Pari Mutuel et l'anonymat de ses enjeux sournois n'ont pas amené dans les courses de pur sang plusieurs fraudes très accentuées ? A-t-on pour cela renoncé aux courses de pur sang ?

Les fraudes n'ont pas manqué parmi les trotteurs. A-t-on interdit les courses au trot ?

La vérité est que la Société du Demi-Sang craignait de voir les courses d'obstacles pour chevaux de demi-sang nuire aux courses au trot, et que par égoïsme portant à faux, elle repoussait les unes pour conserver le monopole des autres.

Aujourd'hui, il lui est difficile et même impossible de rester en arrière, puisque deux sociétés très bien conduites lui tracent la voie du progrès, et voici, à mon humble avis, la détermination que son comité fera bien de prendre. La persistance dans une telle fin de non recevoir deviendrait un entêtement coupable.

Il est certain que les courses d'hiver ont donné un bon appoint d'argent à la Société du Demi-Sang. Elle n'a pas le droit de thésauriser, et les bonnes recettes encaissées doivent revenir sans retard à l'élevage. Il faut donc créer à côté des dimanches hivernaux les lundis de Vincennes, qui serviront de repos hebdomadaire aux nombreux Parisiens si amateurs de sport équestre.

Pour corser le spectacle de ces dimanches et de ces lundis, comme pour augmenter les chances de recettes et de bénéfices, il n'y a qu'à créer franchement et annoncer tout de suite la création de steeple-chases pour les demi-sang qui auront trotté en 1'45" et moins. L'hippodrome de Vincennes est le plus beau qui existe en France pour ce genre de courses, et il n'est pas douteux que Parisiennes et Parisiens voudront y assister en grand nombre.

MM. les Commissaires savent qu'une pléiade de très bons steeple-chasers de demi-sang ont triomphé dans des épreuves de ce genre. Ils ne doivent pas oublier que Porte-Monnaie et La Grisière y battirent plus d'une fois les légendaires pur sang du baron Finot, et que Bayadère, la célèbre jument de notre regretté Tiercelin, gagna le même jour une course au trot en bonne vitesse et un steeple-chase de 4.000 mètres.

Et plus récemment n'a-t-on pas vu M. Raoul Ballière, commissaire-adjoint de la Société du Demi-Sang, monter le superbe demi-sang Passe-Partout, qui remporta tant de courses d'obstacles ?

Et Tempête, la vaillante jument de M. Lallouet, n'a-t-elle pas battu des pur sang sur l'hippodrome d'Auteuil, sur celui de Pau et sur celui de Spa ?

Toute hésitation pourrait devenir désastreuse. En avant ! L'intérêt de la patrie française et celui des chevaux de demi-sang noble l'ordonne et le veut, En avant !

Il s'agit de démontrer que les trotteurs peuvent non seulement bien galoper, mais aussi gagner brillamment des courses de steeple-chase, et alors le Syndicat du cheval de guerre n'aura plus raison d'être.

Puisse le Dieu du sport exaucer la voix d'un vieux praticien qui, plus d'une fois, fut un précuseur des hippiques succès.

ÉPILOGUE

DEPUIS 1889, c'est-à-dire depuis dix-huit ans, je n'ai publié aucun nouveau volume, ce qui ne m'a pas empêché de travailler beaucoup. L'on en verra la preuve en 1908 par diverses œuvres sportives ou simplement poétiques et littéraires.

Il est utile que je me représente à mes lecteurs. Je vais le faire en exposant mes états de service, qui font de moi le doyen de la Presse hippique.

Ce fut en 1873 que mes premiers écrits sur les questions chevalines parurent, sous mon nom, dans *Le Jockey*. J'y fus rédacteur jusqu'en 1880, époque à laquelle je devins le principal écrivain du *Derby*, où j'eus l'honneur de venir après mon très distingué confrère Robert Papin, aujourd'hui président de la Société Sportive d'Encouragement.

En 1883, je fondai *L'Entraîneur*, dont l'indépendance absolue et le succès très affirmé donnèrent l'idée à un troupeau d'aigrefins, qui voulaient désarmer ma plume irréductible, de m'acheter mon journal en manœuvrant de manière à ne pas me le payer.

J'entrai alors à l'*Auteuil-Longchamp* et j'eus la chance, en compagnie de Doré, Dugoujon et Tamin, de voir augmenter l'autorité et le tirage de ce jeune journal. On voulut bien dire que mes études sur les grands établissements d'élevage étaient pour quelque chose dans la fructueuse réussite de l'*Auteuil-Longchamp*.

Je n'affirmerai pas que c'était exact, mais la vérité est que le journal l'*Eclair*, devenu si utile à la cause de la patrie française, fut fondé avec l'argent gagné par l'*Auteuil-Longchamp* en 1889 et 1890, les deux années où parurent mes premiers articles sur les Haras de France.

C'est en souvenir du bon accueil qui

fut fait à ces labeurs spéciaux que je publie mon nouveau livre, où j'ai pris pour sujet le magistral élevage créé au haras de La Fontaine par M. Lallouet. Cet élevage, dont la réputation est mondiale, constitue une gloire française parmi les chevaux de demi-sang, auxquels tous les étrangers ont rendu hommage lors de l'Exposition Universelle dc 1900, de même que les éleveurs de toutes les nations s'inclinent devant le haras de Jardy, installé tout près de Paris par M. Edmond Blanc, pour être la terre promise des pur sang.

Œuvre aimée de moi, puisses-tu prouver que mes idées et mon style n'ont pas trop vielli malgré mon âge avancé, et que je suis encore capable de mériter, par mes travaux de praticien expérimenté, un regain de succès.

Edouard CAVAILHON.

NOTE DE L'ÉDITEUR

Voici comment le dictionnaire Larousse illustré a apprécié, dans sa notice, les œuvres d'Edouard Cavailhon :

Cavailhon (Edouard), poète et littérateur français, né en 1844 à Génis (Dordogne). Il a été rédacteur en chef de l'« Entraîneur », où il traitait de l'élevage et des courses. On lui doit des recueils de vers, entre autres : *Portraits en sonnets* (1882) ; *les Chants du cavalier* (1886) ; *les Chants d'un Gaulois* (1887) ; des livrets d'opérettes, des récits : *la Créole parisienne* (1884); *Contes et portraits rabelaisiens* (1885) ; *les Parisiennes fatales* (1889), etc., et des ouvrages de sport : *les Sportsmen pendant la guerre* (1881) ; *les Courses et les Paris* (1885) ; *les Haras de France* (1886-1889), questions sur lesquelles il possède une réelle compétence.

Paris. — Imp. Pairault et Cie, 3, passage Nollet

ŒUVRES D'ÉDOUARD CAVAILHON

POÉSIES

Chants d'Artiste et Chants d'Amour
Impressions du moment.
Portraits en sonnets.
Les Chants d'un Gaulois.
Les Chants du Cavalier.
Contes et Portraits Rabelaisiens.
Monologues hippiques.

PROSE

Les Sportsmen pendant la Guerre, avec préface d'ARMAND SILVESTRE.
Artiste et grand Seigneur, proverbe en deux actes.
La Fascination magnétique, avec préface de DONATO
Les Courses et les Paris.
Les Haras de France, 1er volume, 10e édition.
La Créole Parisienne, roman.
Le Seize Mai Hippique, satire du Pari Mutuel.
La France Ferryste
Les Parisiennes fatales, études d'après nature
Le Cirque Fernando, études équestres.
La Femme Bookmaker, opérette en collaboration avec ARMAND SILVESTRE.
L'Apprenti Jockey, opérette.
Monologues sportifs.
Les Haras de France, 2e volume.
Les grands Établissements d'Élevage

Pour paraître bientôt :

Le Syndicat des Médiocres, comédie satirique en cinq actes et en vers.
Méfaits et Dangers du Pari Mutuel.

www.ingramcontent.com/pod-product-compliance
Ingram Content Group UK Ltd.
Pitfield, Milton Keynes, MK11 3LW, UK
UKHW012158240726
13966UKWH00002B/421

9 782011 904133